黄河水利委员会治黄著作出版资金资助出版图书

# 2000－2010 年黄河治理开发与 管理科学技术进展综述

张建中　田　凯　常晓辉　吕秀环　著

U0343816

黄 河 水 利 出 版 社

·郑州·

# 内 容 提 要

本书共分6章,主要内容为:概述、近期黄河基础及应用技术研究的主要进展、先进技术引进及推广应用、构建维持黄河健康生命治河体系及重大科技治黄实践、科技创新支撑体系的建设与发展、"十二五"科技发展需求等。

本书适合水利专业技术人员阅读参考。

## 图书在版编目(CIP)数据

2000－2010年黄河治理开发与管理科学技术进展综述/张建中等著. —郑州:黄河水利出版社,2011.12
ISBN 978－7－5509－0183－4

Ⅰ.①2… Ⅱ.①张… Ⅲ.①黄河－河道整治－研究②黄河－水资源开发－研究 Ⅳ.①TV882.1

中国版本图书馆CIP数据核字(2011)第268960号

---

出 版 社:黄河水利出版社
　　　　地址:河南省郑州市顺河路黄委会综合楼14层　邮政编码:450003
发行单位:黄河水利出版社
　　　　发行部电话:0371－66026940、66020550、66028024、66022620(传真)
　　　　E-mail:hhslcbs@126.com
承印单位:河南省瑞光印务股份有限公司
开本:787 mm×1 092 mm　1/16
印张:14
字数:170千字　　　　　　　印数:1—1 500
版次:2011年12月第1版　　　印次:2011年12月第1次印刷

定价:36.00元

# 前　言

　　治黄科学技术是黄河治理开发与管理重大决策和各种方案制订的科学基础和强有力支撑。"十五"以来,为实现黄河长治久安,并为黄河流域及相关地区的经济社会发展提供可持续的支撑,黄河水利委员会(简称黄委)认真贯彻党的十七大精神,以邓小平理论和"三个代表"重要思想为指导,深入学习科学发展观,积极践行可持续发展治水思路和民生水利发展要求,以科技进步为支撑,在《国家中长期科学和技术发展规划纲要(2006～2020年)》的指导下,切实抓好重大问题研究,逐步提升科技发展平台,全面推动各项治黄科技工作。针对黄河主槽严重萎缩、"悬河"和"二级悬河"加剧、水资源供需矛盾突出、生态系统退化等一系列问题,通过切实加强基础和应用技术研究、积极推动技术创新、着力扩大推广交流、努力创新管理体制,推动治黄科研实现跨越式发展;以需求为牵引,做好科研发展规划,明确科研主攻方向,搞好顶层设计,统筹项目资源,努力提高科技创新能力,在国家科技支撑、黄河联合基金、公益性行业科研专项等计划支持下,在防洪减灾、水资源管理、水土保持、水资源和水环境保护等方面取得了丰硕的研究成果,培养了一支治黄科研攻关队伍,为继续深入开展黄河调水调沙、水资源统一管理调度、利用并优化桃汛洪水冲刷降低潼关高程等重大科学实践提供了有力的技术支持。

　　2000年以来,有80多项科技项目获国家科技支撑计划、水利部公益性行业科研专项、国家"948"计划、农业科技成果转化资金、水利部科技推广计划等资助,取得了一批重大成果;100

余项成果通过部(省)级鉴定;7 项成果获国家科技进步奖,其中作为第一完成单位,黄委完成的"黄河调水调沙理论与实践"获 2010 年度国家科技进步一等奖、"黄河水资源统一管理与调度"获 2009 年度国家科技进步二等奖;33 项成果获大禹水利科学技术奖;38 项成果获省科技进步奖;219 项成果获黄委科技进步奖。大量科研成果在生产实践中的应用,有效地促进了治黄科技进步,为黄河治理开发与管理可持续发展提供了有力的科技支撑。

　　本书对 2000 年以来的治黄科技项目成果进行了初步的梳理和提炼,对治黄科研管理工作进行了系统的总结,多次征求了黄委所属有关单位、部门及部分专家的意见,他们为本书的编写提出了很多宝贵的建议,付出了辛勤劳动,在此一并致谢。

　　需要说明的是,在本书编写过程中,引用了相关的项目研究成果,除已列出的参考文献外,还有很多参考成果未能一一列出,敬请相关作者或研究者给予谅解,同时表示衷心感谢!

　　鉴于时间及编写人员水平有限,内容还不够全面,错漏之处在所难免,敬请广大读者指正。

作者<br>2011 年 2 月

# 目　录

# 1　概　述

## 1.1　流域特点

黄河是世界著名的多沙河流,干流全长 5 464 km,流域面积 79.5 万 km²(含闭流区 4.2 万 km²)。流域年均降水量447 mm,其中 6～9 月占 61%～76%,西北部分地区年降水量只有 200 mm 左右。黄河多年平均天然径流量 535 亿 m³(1956～2000 年系列),以其占全国 2% 的地表径流承担着全国 15% 的耕地、12% 的人口和 50 多座大中城市的供水任务。黄河流域拥有十分丰富的水能资源、煤炭资源、石油和天然气资源等,被誉为我国的"能源流域"。

黄河水少沙多、水沙关系不协调,使其成为世界上最复杂、最难治理的河流,与其他河流相比具有水土流失严重,侵蚀产沙规律复杂;河道主流游荡摆动频繁,河床冲淤调整幅度大;主槽淤积萎缩,"悬河"及"二级悬河"严重;水污染严重,流域生态环境脆弱等显著特点。

国家历来对黄河问题十分重视,黄河治理开发与管理取得了巨大的成就。针对黄河防洪问题,初步形成了"上拦下排、两岸分滞"的防洪工程体系,同时加强了非工程措施建设,取得了下游连续 60 多年伏秋大汛堤防不决口的安澜局面,保障了黄淮海平原的稳定发展。在上游宁蒙河段初步完善了堤防工程和河道整治工程,减轻了洪水、凌汛灾害;对中游禹门口至三门峡大坝河段的河道进行了初步治理。近几年,通过小浪底水库拦沙和调水调沙,抑制了黄河下游淤积抬高的态势,河道形态明显改善。水土保持工程初见成效,初步治理面积累计达到 20 多万 km²,在一定程度上改善了黄土高原地区的人民生产生活条件和生态环境,局部地区的水土流失和荒漠化得到了遏制。黄河水资源开发利用和水量统一调度管理,为流域及下游流域外引黄灌区 1.1 亿亩❶灌溉面积、50 多座大中城市、420 个县(旗)级城镇、能源基地提供了水源保障,保障了沿岸人民生活和工业的供水安全,保证了河道不断流,生态环境得到初步改善。初步形成了水资源保护的监管体系,为有效保护水资源、人民饮水安全提供了有力的保障和技术支持。

## 1.2　科研概述

"十五"以来,为实现黄河长治久安,并为黄河流域及相关地区的经济社会发展提供可持续的支撑,黄委认真贯彻党的十七大精神,以邓小平理论和"三个代表"重要思想为指导,深入学习科学发展观,积极践行可持续发展治水思路和民生水利发展要求,以科技进步为支撑,实施最严格的流域管理制度,全面推进黄河治理、开发和管理的现代化。在《国家中长期科学和技术发展规划纲要(2006～2020 年)》的指导下,坚持自主创新、重点跨越、支撑发展、引领未来的指导方针,坚持水利部治水新思路,积极践行"维持黄河健康生命"的治河理念,针对黄河主槽严重萎缩、"悬河"和"二级悬河"加剧、水资源供需矛盾突出、生态系统退化等一系列问题,通过切实加强基础研究、积极推动技术创新、着力扩大推广交流、努力创新管理体制,推动治黄科研实现跨越式发展。以需求为牵引,做好科研发展规划,明确科

---

❶　1 亩 = 1/15 公顷。

研主攻方向,搞好顶层设计,统筹项目资源,努力提高科技创新能力,在国家科技支撑、公益性行业科研专项等计划支持下,在防洪减灾、水资源管理、水土保持、水资源和水环境保护等方面取得了丰硕的研究成果,为继续深入开展黄河调水调沙、水资源统一管理调度、利用并优化桃汛洪水冲刷降低潼关高程等重大科学实践提供了有力的技术支持。

　　2000年以来,有80多项科技项目获国家科技支撑计划、水利部公益性行业科研专项、国家引进国际先进农业科学技术项目(简称"948"计划)、农业科技成果转化资金、水利部科技推广等计划资助,取得了一批重大成果;100余项成果通过部(省)级鉴定;7项成果获国家科技进步奖,其中作为第一完成单位,黄委完成的"黄河调水调沙理论与实践"获2010年度国家科技进步一等奖、"黄河水资源统一管理与调度"获2009年度国家科技进步二等奖;33项成果获大禹水利科学技术奖;38项成果获省科技进步奖;219项成果获黄委科技进步奖。大量科研成果在生产实践中的应用,有效地促进了治黄科技进步,为黄河治理开发与管理可持续发展提供了有力的科技支撑。

# 2　近期黄河基础及应用技术研究的主要进展

　　黄河是中华民族的母亲河,也是一条多灾害河流。治理、开发和保护黄河,历来是中华民族安民兴邦的大事。黄河水少沙多、水沙关系不协调,使其成为世界上最复杂、最难治理的河流,与其他河流相比,具有水土流失严重,侵蚀产沙规律复杂;河道主流游荡摆动频繁,河床冲淤调整幅度大;主槽淤积萎缩,悬河及二级悬河严重;水污染严重,流域生态环境脆弱等显著的特点。因此,黄河是世界上最为复杂、最难治理的河流。

　　长期以来,在上级部门和领导的大力支持下,围绕黄河水沙运动规律等重大科学和应用技术问题,黄委开展了积极、深入的科学探索。

　　"八五"期间,对黄河下游河道冲淤规律、黄河中下游河道和水库泥沙冲淤数学模型等问题的研究,开启了小浪底水库调水调沙运用的应用基础研究。

　　"九五"、"十五"期间,黄委加强了小浪底水库防洪减淤初期运用方式和维持黄河下游排洪输沙功能的水沙条件等课题的研究,进而提出了小浪底水库初期运用调水调沙调度的若干关键技术指标。这些关键技术指标成为 2002 年以来小浪底水库 10 次调水调沙运用的重要技术支撑。

　　"十一五"期间,黄委开展了维持黄河健康修复关键技术研究,分析了黄河水沙特点和近年水沙减少原因,开发了黄河中下游水沙演进数学模型,提出了入黄泥沙优化配置的方案、现阶段黄河健康指标体系及其标准,实现了黄河健康的关键途径和黄河水沙调控的若干关键技术。在构建和实践"维持黄河健康生命"治河新理念的过程中,黄河基础和应用技术研究都得到了长足进展。黄委在黄土高原水土保持、水库冲淤规律及调控技术、黄河水沙演进及河道冲淤演变规律、黄河水文水资源、水环境及水生态等基本规律研究方面取得了一系列的研究成果,并开展了黄河调水调沙、干流水量统一管理调度、小北干流放淤、利用桃汛冲刷潼关高程等重大实践和科学试验。下游主槽萎缩、水生态系统恶化等趋势初步得到遏制,社会经济效益显著。

## 2.1　黄土高原水土保持研究

近年来,在国家自然科学基金、国家"973"计划、水利公益性行业科研专项经费项目、国家"948"引进计划、水利部科技创新以及治黄科研专项等各级科技计划的支持下,黄委重点开展了黄河中游粗泥沙集中来源区界定研究、坡面及沟道侵蚀耦合关系及其侵蚀产沙效应、基于气候地貌植被耦合的黄河中游侵蚀过程、沟道侵蚀机理及规律研究、坡面水力侵蚀发生演变过程中的动力学机制及其下垫面的相互关系、水土保持措施治理对河流系统演化影响;探讨了黄土高原土壤侵蚀预测预报模拟技术、基于 GIS 黄土高原土壤侵蚀快速评估方法、基于 GIS 黄土高原多沙粗沙区分布式水土流失评价及预测方法;探讨了土壤侵蚀比尺实体动床模型的相似条件及相似比尺,研制了降雨过程人工仿真的自动控制系统等。现将取得的主要研究成果分述如下。

## 2.1.1　土壤侵蚀规律研究

### 2.1.1.1　粗泥沙集中来源区进一步界定

在以往研究的基础上,通过对黄河下游河道淤积资料及中游坝系淤积泥沙粒径等资料分析和大面积调查,借鉴以往研究成果,采用钻孔取样、输沙率平衡法和淤积比分析等方法,以 0.1 mm 为界,通过研究输沙模数与分布面积的相关关系等,进一步确定出黄河粗泥沙集中来源区面积为 1.88 万 $km^2$,进一步明确了黄河中游治理的重点区域,为确定治理重点提供了重要支撑。

## 2.1.1.2　坡沟系统土壤侵蚀规律

以黄土丘陵沟壑区内典型的坡—沟连续体为研究对象,利用人工模拟降雨试验,对坡沟系统的侵蚀产沙特征、侵蚀产沙过程进行了分析;对坡沟系统侵蚀产沙耦合关系以及坡沟系统侵蚀产沙的空间分布特征进行了研究,并分别利用径流剪切力、径流单位水流功率和断面单位能量理论对坡沟系统土壤侵蚀发生的动力条件和侵蚀过程进行了研究,深化了坡面土壤侵蚀规律的研究,取得了多项进展:

(1)坡沟系统累计径流量、累计产沙量与降雨时间呈极显著的幂函数关系。不同降雨强度下的坡沟系统分开和连接时的径流率、输沙率和含沙量变化过程呈现不同的变化特征,主要与不同的降雨强度、降雨场次和地面发育状态有关。

(2)沟坡径流量与沟谷部分净侵蚀产沙量二者之间呈密切的幂函数关系,沟坡部分的净侵蚀产沙量与坡面来水含沙量之间呈反线性关系。

(3)同降雨强度下径流平均输沙率与径流剪切力之间存在明显的线性关系,不同降雨强度条件下的坡沟系统单位水流功率和单宽输沙率之间呈线性相关,坡沟系统侵蚀过程中径流输沙率与平均断面单位能量之间有良好的相关关系。

(4)在不同降雨强度下,坡沟系统的侵蚀产沙总量大于坡面、沟道相互独立时的侵蚀产沙量,得出了坡沟系统输沙率与径流剪切力的关系、输沙率与水流功率的关系。

（5）在一定流量下,草被覆盖下的径流曼宁阻力系数可以达到裸坡下的 2~5 倍,但随流量增加,草被对径流的阻滞作用降低;草被对侵蚀产沙的作用与其空间布置有关。

#### 2.1.1.3　多沙粗沙区产水产沙数学模型

（1）初步研发了中等流域年产沙经验模型,在孤山川流域进行了验证;开发了小流域次暴雨作业预报系统,可进行小流域洪水泥沙过程实时预报,2009 年汛期在岔巴沟进行了试运行和调试。

（2）研发了小流域分布式机理模型,可初步估算流域侵蚀产沙空间分布及时间变化过程。

### 2.1.2　水保措施作用机理及其优化配置

#### 2.1.2.1　水保措施作用机理

通过黄河联合研究基金重点项目"基于气候地貌植被耦合的黄河中游侵蚀过程"研究,在水保措施作用机理研究方面取得了新的进展。从模拟试验入手,利用概化模型和放水冲刷试验,探讨了坡面植物措施对坡面—沟道挟沙水流的影响及作用和植被的水土保持作用机理:

（1）随着放水冲刷流量的增大,坡面草被延缓径流流速作用相对减弱。坡面草被覆盖度达到和超过 50% 时,对沟坡坡面流流速有明显减缓作用。坡—沟系统坡面草被覆盖下坡面流平均曼宁糙率系数和平均阻力系数随着流量的增大,在有草覆盖断面呈减小趋势,在无草覆盖断面呈增大趋势。

（2）坡面流出流时间与放水流量呈负相关关系,与坡面草被覆盖度呈正相关关系;径流终止时间与放水流量和坡面草被覆盖度均呈正相关关系。

（3）坡面不同覆盖度、不同坡位之间侵蚀产沙量差异比较显著。随着草被覆盖度的增加,沟坡产沙比呈指数增加趋势,大流量下的增幅大于小流量下的增幅。

## 2.1.2.2　流域水土保持措施的水沙响应研究

围绕黄河中游水土保持措施的蓄水减沙作用,黄委开展了大量研究,积累了丰富的基础资料,加深了对黄河水沙变化的认识,并且较完整地提出了一套1950年以来黄河上中游"不同区域、不同历史时段的水沙变化、水利水保综合治理措施减水减沙作用"等关键技术特征值,这些成果直接应用到了黄河下游综合治理方略的制定、黄河水沙调控体系建设的相关研究中。

(1)研究提出自20世纪70年代至1996年,黄河中游水土保持措施年均减水10亿～15亿 $m^3$,年均减沙3亿t。初步估算截至2005年,年减沙4.5亿t左右。

(2)探索性地开展了减沙效益与坝库单位面积库容定量关系研究。坝库是拦沙的重要措施,保持单位面积库容是关键。

(3)对减沙效益低值区治理度阈值开展了探索性研究。认为河龙区间水土流失治理度与减沙效益呈正相关关系,可以明显分为减沙效益高值区和减沙效益低值区。河龙区间减沙效益低值区的支流存在治理度阈值。若达不到治理度阈值,减沙效益将很低。

## 2.1.2.3　水保措施配置

围绕水保措施配置,黄委开展了相关研究,即对水土保持措施配置对拦蓄洪水泥沙作用、不同配置条件下水利水保措施对暴雨洪水的影响等进行了探索。

(1)淤地坝减沙比与配置比密切相关。河龙区间坝地的配置比保持在2%左右时,其减沙比即可保持在45%以上。为有效、快速地减少入黄泥沙,河龙区间水土保持措施应采用以淤地坝为主的工程措施与坡面措施相结合的综合配置模式;淤地坝的配置比应保持在2%以上。

(2)水土保持措施对洪水泥沙拦蓄作用的大小与措施配置

密切相关。为此,黄委提出了最大减洪减沙效应的措施配置。最大减洪减沙效应所对应的措施配置视不同流域而有所不同,如:河龙区间最大减洪减沙效益出现在 20 世纪 80 年代,对应的水土保持措施配置比例为梯田:林地:草地:坝地 = 14.9:74.4:8.2:2.5。

(3)探索分析了水利水保措施及其不同配置条件下对暴雨洪水的影响。水土保持措施对洪水泥沙的控制作用在不同区域存在不同的降水阈值。

### 2.1.2.4 水土保持综合治理的关键措施与组合的定量关系

在黄土高原水土保持世界银行贷款项目相关研究中,通过定位观测资料分析和典型流域调研,着重对土壤侵蚀产沙较严重的黄土丘陵沟壑区、黄土高塬沟壑区和风沙区的代表性治理模式进行了分析总结,提出了相应类型区水土保持综合治理的关键措施与组合的定量关系,提出了基于人口密度的黄土丘陵沟壑区的第一副区至第五副区以及风沙区农林牧用地比例。

## 2.1.3 水土保持效益评估

### 2.1.3.1 水土保持效益评估方法及快速评估技术研究

"十五"期间,通过开展"水土保持生态环境建设对黄河水资源和泥沙影响评价方法研究"和"基于 GIS 的黄土高原土壤侵蚀快速评估方法研究"等,在水土保持效益评估方法及快速评估技术方面取得了进展。

(1)在对国内外已有的水土保持法、水文法的适用性、局限性、差异及关联进行总结评价的基础上,提出了水土保持措施蓄水拦沙指标和评价模型,初步解决了在水土保持对水资源和泥沙影响评价方面指标众多、计算结果差别较大以及适用性受限制等诸多不便问题,该研究不仅总结和归纳出了单坝拦泥指标的计算式,而且考虑到目前计算群坝的实际,通过对大型、中型、小型坝的统计分析和归纳,概化出了多坝拦泥指标的计算方法。进而提出了拦泥指标的变化计算式,改进了淤地坝拦泥量计算方法。

(2)探讨了利用RS与GIS相结合的技术手段进行流域下垫面覆盖信息和地形信息的快速提取方法。利用ERADS图像处理软件提供的专家分类器,实现了对土壤侵蚀强度及其空间差异的快速、精确评估,通过黄河中游延河支流杏子河水文站的观测数据进行验证,取得了较为满意的效果。

### 2.1.3.2　分布式土壤流失评价预测模型及支持系统

通过开展黄河多沙粗沙区分布式土壤流失评价预测模型及支持系统等研究取得了多项进展:

(1)研究了运用3S技术提取影响水土流失关键因子的方法,实现了流域地形和水沙演进数据的自动提取,完成分类模板定义,提高了遥感影像的分类精度。

(2)以岔巴沟小流域为对象,建立了基于DEM栅格的流域分布式产汇流和产输沙模型及基于ArcGIS平台的数学模拟支持系统。

(3)初步实现了产流产沙数学模型与GIS的耦合。利用GLUE方法分析了所建分布式小流域土壤流失数学模型的不确定性问题。

### 2.1.3.3　淤地坝对泥沙淤积的分选作用

(1)实施水土保持综合治理后,粗泥沙集中来源区绝大部分支流及干流水文站的泥沙中值粒径和平均粒径变细,说明水土保持措施具有调控泥沙级配和"拦粗排细"的功能。

(2)黄河中游54座淤地坝的钻探取样颗分资料分析表明,淤地坝对泥沙淤积具有分选作用。坝前泥沙粒径小于坝尾泥沙粒径,而且泥沙粒径越大,坝前、坝尾差别越大,分选越明显。同时,淤地坝有一定的"淤粗排细"功能。产沙越粗的地区淤地坝

"淤粗排细"的作用越明显。

### 2.1.3.4　黄土高原小流域坝系监测与评价系统

（1）建立了包括小流域坝系监测的基本内容、监测指标和方法、监测成果整编的小流域坝系监测技术体系。

（2）提出了建立小流域坝系评价技术体系,包括小流域坝系评价内容、评价指标、评价方法、评价系统等。

（3）开展了小流域坝系监测评价方法的实践验证,研究建立了小流域坝系监测评价研究成果的应用机制,为将小流域坝系的监测研究成果推广到整个黄土高原提供了实践依据和技术支持。

综上所述,尽管围绕黄土高原水土保持开展了大量的基础研究,取得了很多成果,支撑了黄土高原水土流失治理,但是由于黄土高原地形地貌复杂,土壤侵蚀过程与机理尚没能完全认识,水土流失监测手段不健全,模拟系统不完善,数据资料还不能满足研究和治理的需要,下一阶段需要在土壤侵蚀机理、水土保持综合治理、水沙响应及水沙变化趋势、流域生态修复理论与方法、水土保持综合治理对生态环境的影响、流域产流产沙数学模型、流域产流产沙实体模型模拟理论与技术等方向开展研究。

## 2.2　水库冲淤规律及调控技术

近年来,围绕降低潼关高程、减缓小浪底水库拦沙库容的淤积和协调黄河水沙关系,开展了潼关高程控制及三门峡水库运用方式、小浪底水库异重流规律、小浪底拦沙后期调度运用方式、小浪底水库拦沙初期运用分析评估、水沙调控体系建设等科学研究以及三门峡水库控制非汛期最高蓄水位不超过318 m原型试验、利用并优化桃汛洪水冲刷降低潼关高程试验、黄河调水调沙试验和生产运行等实践,进一步深化了对水库水沙运动规律的认识,在水库泥沙冲淤规律和水沙调控技术等方面取得了较大进展。主要成果有如下几方面。

## 2.2.1　水库泥沙冲淤规律研究与运用

### 2.2.1.1　水库异重流规律

在已有研究成果的基础上,黄委结合近期小浪底异重流观测资料以及水槽试验与模型相关试验成果,开展了小浪底水库拦沙初期异重流排沙的临界指标及其阻力、挟沙力、传播时间、干支流倒灌、不同水沙组合条件下异重流运行速度及排沙效果等研究,初步提出了小浪底水库运用初期异重流潜入条件、持续运行至坝前的临界水沙条件。

(1)小浪底水库发生异重流的临界水沙条件为:入库流量一般应不小于300 $m^3/s$,悬沙中 $d < 0.025$ mm 的沙重百分数一般不小于70%。若流量大于800 $m^3/s$,相应含沙量不小于10 $kg/m^3$;流量约为300 $m^3/s$ 时,要求水流含沙量大于100 $kg/m^3$;流量介于300~800 $m^3/s$ 时,水流含沙量可随流量的增加而减少,两者之间的关系可表达为 $S \geqslant 154 - 0.18Q$。若水流细颗粒泥沙沙重百分数进一步增大,则流量及含沙量可相应减少。

(2)小浪底水库异重流持续运动水沙条件为:①入库流量大于2 000 $m^3/s$ 且含沙量大于10 $kg/m^3$;②入库流量大于500 $m^3/s$ 且含沙量大于220 $kg/m^3$;③流量为500~2 000 $m^3/s$ 时,水流含沙量应满足 $S \geqslant 280 - 0.12Q$。同时,满足入库泥沙中 $d < 0.025$ mm 的细泥沙的沙重百分数大于50%,洪峰持续1 d以上。

(3)黄河调水调沙试验及生产运行,充分利用了水库异重流输移规律及排沙特点,针对黄河来水来沙情况,通过合理调度水库达到利用异重流排沙而实现减少库区淤积、增加坝前铺盖、调整淤积形态、实现水沙空间对接等多种目标。

（4）完成了水库异重流测验整编技术规程研究，印发了黄委水库异重流测验整编技术规程，并已在 2008 年、2009 年黄河调水调沙水库异重流测验工作中起到规范和指导作用，并提出了"异重流层泥沙颗粒分析方法试验研究报告"、"异重流层含沙量测点布设合理性试验研究报告"、"新仪器设备在异重流测验中的应用试验研究报告"等系列成果。

### 2.2.1.2　水库淤积形态

（1）实践和研究表明，三门峡水库非汛期蓄水造成的三角洲泥沙淤积，可通过汛期溯源冲刷和洪水沿程冲刷相衔接排出库外，溯源冲刷与沿程冲刷衔接点在坩垴至大禹渡河段；潼关至坩垴河段淤积的泥沙，通过人工措施输送到大禹渡以下，可利用水库溯源冲刷排出库外。

（2）黄河调水调沙的实践表明，小浪底库区淤积形态也具有可调整性。根据来水来沙条件和小浪底库区淤积三角洲的高程，相机降低小浪底库水位，利用三门峡水库泄放的持续大流量过程冲刷小浪底库区尾部段，调整库区泥沙淤积分布，恢复小浪底调节库容。如 2004 年汛前第三次调水调沙试验，通过联合调度万家寨、三门峡、小浪底水库蓄水，有效地改善了小浪底库尾河段的淤积形态，降低了库区的淤积高程，在距坝 70～110 km 河底发生了明显的冲刷，小浪底库尾淤积三角洲发生了明显的变化，三角洲顶部平均下降 20 m，淤积三角洲顶点向下游移动了 30 多 km。由此说明，由于水库运用水位较高，造成短期内淤积部位靠上但不侵占有效库容的条件下，可通过水库群的联合调度，凭借小浪底库区优越的库形条件，使入流冲刷前期淤积物，改变不利的淤积形态。这也增强了小浪底水库运用的灵活性和调控水沙的能力，对水库泥沙多年调节意义重大。

## 2.2.2　黄河调水调沙理论与技术

2002年以来,相继开展了黄河调水调沙试验及生产运行,将调水调沙理论研究转化为生产实践,验证了水库调控指标,发展了水库群水沙调控理论与技术,在治黄实践中发挥了重要的作用。

### 2.2.2.1　人工塑造异重流技术

根据对异重流研究成果及黄河水沙运动规律的认识,提出了利用万家寨、三门峡蓄水和河道来水,冲刷小浪底水库淤积三角洲形成人工异重流的技术方案,通过对水库群实施科学的联合水沙调度,首次成功地在小浪底库区塑造出了人工异重流并排沙出库,标志着对水库异重流运行规律的认识得到了扩展和深化。人工异重流塑造成功及其所得到的各种技术指标为水库运用提供了具体的技术参数。在小浪底水库今后长期的运用中,由于黄河水沙情势的变化,中等流量以上的洪水出现概率明显减少,充分利用这种人工异重流的排沙方式排泄前期的淤积物以减轻水库的淤积对延长水库拦沙库容使用寿命具有重要的意义,对未来黄河水沙调控体系的调度运行产生深远的影响。

### 2.2.2.2　小浪底水库拦沙初期调水调沙运用模式

根据不同的水情、工情及水库、河道等边界条件,开展了不同模式的调水调沙试验和生产运行,成功探索出了小浪底拦沙初期三种不同类型的调水调沙模式。

(1)基于小浪底水库单库运行的调水调沙。将来自小浪底水库上游水沙关系不协调的中小洪水,经小浪底水库调节为协调的水沙关系进入下游河道。

(2)基于不同来源区水沙过程对接的调水调沙。将小浪底上游浑水和小浪底以下清水,通过小浪底、陆浑、故县水库水沙联合调度,在花园口实现协调水沙的空间"对接",以清水和浑水掺混后形成较为"和谐"关系的水沙过程进入下游河道。

（3）基于干流多库联合调度和人工扰动的调水调沙。将汛前中游水库汛限水位以上的大量蓄水,通过调度万家寨、三门峡、小浪底水库,在小浪底库区塑造人工异重流,并辅以库区淤积三角洲和下游卡口处人工扰沙措施,以水库泄水加载异重流泥沙和河床扰动泥沙入海。

这三种模式基本涵盖了小浪底水库运用初期黄河下游不同洪水来源区不同情况下的调水调沙运用模式。

### 2.2.2.3　黄河水沙调控体系总体布局研究

（1）根据黄河水沙异源、时间分布不均匀的特点,提出利用干支流多个水库构成水沙调控体系,进行时间和空间的水沙组合调控,塑造协调的水沙关系,确立水沙调控体系的思路。

（2）根据黄河干流不同河段和重要支流水沙特点,提出了水沙调控体系总体布局,干流主要包括已建的龙羊峡、刘家峡、万家寨、三门峡、小浪底水库和规划中的大柳树、碛口、古贤水库,支流主要包括陆浑、故县水库和拟建的泾河东庄水库、沁河河口村水库等。

### 2.2.2.4　古贤、小浪底水库联合调水调沙运用方式研究

开展了古贤、小浪底水库联合调水调沙运用方式研究。初步研究了四种汛期调水调沙运用方式:①古贤、小浪底水库各自调水调沙运用方式("单库运用方式");②古贤、小浪底水库联合调水调沙运用方式("联合运用方式");③古贤、小浪底水库联合运用兼顾小北干流放淤的调水调沙运用方式("兼顾放淤方式");④古贤、小浪底、小北干流放淤联合运用的调水调沙运用方式("联合放淤方式")。提出了各运用方式的指导思想和联合调水调沙运用原则,拟定了古贤、小浪底水库不同调水调沙运用方案。数学模型计算结果表明,联合运用方案在维持下游河道中水河槽行洪输沙能力、减少下游河道淤积、降低潼关高程

等方面的作用均较单库运用方案明显,即具有"1+1>2"的效果。

## 2.2.3　多泥沙河流水库运用方式研究

水库库容淤损严重、库尾抬升等是多沙河流特别是黄河水库运用的主要问题,围绕这些问题开展了三门峡水库运用方式、小浪底水库运用方式等研究,取得了一系列成果。

### 2.2.3.1　三门峡水库运用方式

(1)三门峡水库运用方式调整。潼关高程是制约三门峡水库运用的重要因素,围绕潼关高程及三门峡运用方式等问题,开展了大量研究工作,提出了三门峡水库不同运用时期潼关高程抬升的主要影响因素:蓄水拦沙期水库运用方式起主要作用,滞洪排沙期主要受枢纽泄流规模的影响,蓄清排浑期主要受来水来沙条件的影响。研究发现了潼关高程变化与三门峡水库前期淤积量之间的滞后现象,提出了库区淤积量与坝前运用水位的滞后响应关系,确定了非汛期潼关高程升降值与不同水位的天数之间的关系,提出了潼关高程升降值随非汛期平均水位关系转折点在315～316.5 m;通过对不同水沙系列条件下三门峡非汛期不同运用水位对潼关高程降低作用数学模型计算和实体模型试验结果的分析,提出水库非汛期最高水位从321 m调整为318 m运用时,潼关高程降低效率最大,定量提出了三门峡水库不同运用方案降低潼关高程的作用以及不同潼关控制高程下渭河下游的冲淤变化和洪水位变化,综合提出了小浪底水库运用后三门峡水库非汛期水位为:最高不超过318 m,平均为315 m。

(2)不同措施对降低潼关高程的作用和合理潼关高程的确定。研究表明,调整三门峡水库不同运用水位、跨流域调水、减少来沙和大规模疏浚对降低潼关高程有明显的作用。综合考虑渭河下游社会经济可持续发展对潼关高程的要求,潼关高程降低的可能性、可行性、必要性以及潼关高程降低对渭河下游冲淤和防洪的影响等,初步确定合理潼关高程为 326.6 m。鉴于降低潼关高程的难度,合理潼关高程目标的达到应该分为两个阶段:近期潼关高程的治理目标为 327.5 m,远期为 326.6 m。

(3)桃汛期潼关高程冲刷规律和利用桃汛洪水冲刷降低潼关高程。研究表明,桃汛期潼关高程的变化与三门峡水库运用水位、桃汛洪水情况、前期河床条件等因素有关。根据敏感因子分析,桃汛期潼关高程的变化与洪峰流量和三门峡水库起调水位相关性最好。当起调水位在 316 m 以下时,潼关高程的变化与洪峰流量的关系具有同一变化趋势。洪峰流量为 1 500 $m^3/s$ 时,潼关高程基本不发生冲淤变化;洪峰流量大于 1 500 $m^3/s$ 后,潼关高程下降值随洪峰流量的增大而增加;洪峰流量大于 2 500 $m^3/s$ 后,随着流量的增大潼关高程下降值增幅减小。

(4)桃汛洪水对潼关高程具有一定的冲刷作用。1998 年万家寨水库运用后,桃汛期蓄水削减洪峰,减小了进入潼关站的洪峰和洪量,削弱了对潼关高程的冲刷作用。为充分发挥桃汛洪水对潼关高程的冲刷作用,2006 年开始调整桃汛期万家寨水库运用方式,开展"利用并优化桃汛洪水冲刷降低潼关高程试验",提出了有利于冲刷降低潼关高程的优化桃汛洪水过程,结合万家寨到潼关河段的洪水演进过程分析和计算提出了万家寨水库控制指标、桃汛期优化调度运用方式,相关控制指标在近几年的原型试验中应用,并取得了预期效果。同时,试验表明,由于洪水过程、含沙量过程等因素的差别,潼关高程的下降值存在较大的差异,也正说明潼关高程演变的复杂性,需要继续开展研究。

### 2.2.3.2　小浪底水库运用方式

(1)采用实测资料分析、数学模型计算、实体模型试验等研究手段,联合国内众多科研单位对小浪底水库初期防洪减淤关键技术进行了研究。经过对多种减淤运用方案水库调水效果、库区干支流淤积及综合利用效益的研究比较,提出了小浪底水库起始运行水位为 210 m、调控流量为 2 600 $m^3/s$、调控库容为 8 亿 $m^3$ 等初期调水调沙运用关键技术指标,并在此基础上,编制了《小浪底水库拦沙初期调度规程》,指导了小浪底水库运用以来的调度运用,取得了明显的效果。

(2)小浪底水库拦沙初期运用分析评估表明,小浪底水库蓄水运用以来,水库在防洪(防凌)、减淤、防断流、供水灌溉发电等多方面特别是在恢复下游中水河槽整体过流能力方面发挥了重要的作用,达到了预期的效果,因此水库拦沙初期调度运用总的来说是成功的。但是,也存在一些问题,例如 2003 年秋汛洪水期间,水库蓄水位较高,虽然对减轻滩区淹没发挥了效益,但是增加了水库淤积量(数学模型计算的实际调度运用库区淤积量较设计运用增加 0.8 亿～1.0 亿 t),且使库区淤积部位靠上。这些问题都需要在今后水库调度实践中不断探索研究。

(3)小浪底水库拦沙期防洪减淤运用方式研究。初步提出小浪底水库拦沙后期可分为三个阶段,重点是第二阶段。提出了水库拦沙后期逐步抬高拦粗排细运用方式和多年调节泥沙、相机降水冲刷调水调沙运用方式,但是对各种运用方式的关键技术问题还需进一步研究。

(4)黄河中下游中常洪水水沙风险调控关键技术研究。尝试引入风险理论,提出了既有利于减小水库和下游河道淤积,更大限度地保持黄河防洪体系的防洪能力,又有利于在保证防洪安全的前提下增大水库蓄水量提高灌溉发电效益的黄河中常洪水"资源化"调度模式。选定了水库汛限水位、水库排沙水位、出库洪峰量级、出库含沙量、漫滩洪水漫滩系数 5 个风险调控指标;分析了下游河道 3 个单项指标风险调控方案的风险;初步建立了小浪底水库中常洪水水沙风险调控效果评价模型,主要包括水资源评价、洪灾损失评价、泥沙淤积评价 3 个模块。

（5）小浪底水库运用方式对高滩深槽塑造及支流库容利用研究。提出了水库干支流淤积形态、水库冲刷时机和冲刷方式、不同运用方式对水库高滩深槽的塑造模式等研究成果。

## 2.2.4　水库泥沙模拟技术

"十五"期间,在黄河河道泥沙模型相似律研究的基础上,针对黄河水库泥沙模型的特点,通过论证时间变态的影响及异重流运动相似条件,结合三门峡水库泥沙模型试验验证,提出了黄河水库泥沙模型相似律。

对水库模型时间比尺的确定。若水流运动时间比尺与由河床冲淤变形时间比尺相差太大,则会引起库水位及相应的库容与实际相差甚多,由此可引起水流流态、排沙规律、库区冲淤形态等产生较大的偏离。可通过对含沙量比尺的调整而达到两个时间比尺相等,进而达到泥沙淤积相似的目的。

采用传统的二维恒定异重流运动方程式推导得出的异重流发生(或潜入)相似条件不能满足模型相似要求,通过研究得出了确定含沙量比尺的公式和方法。为保证异重流沿程淤积分布以及出库泥沙特性与原型相似,水库模型在满足异重流发生相似的同时应满足异重流输沙相似的要求。

"十一五"期间,深入开展了黄河水沙输移模拟系统的研发工作。通过开发水库和水质模块,优选、集成和规范现有的黄河水沙运动数学模型。

（1）研制了黄河小浪底水库三维紊流泥沙数学模型,进行了测试、率定和验证,并得到了初步应用。

（2）提出了黄河下游弯道环流和河岸侵蚀模拟方法,能够模拟黄河下游游荡性河道变化过程,并进行了初步应用。

（3）分析了黄河下游高含沙洪水期洪峰异常增值现象及其

成因,提出了减小洪峰增值的主要调控对策,实时预测了小浪底水库调水调沙洪峰增值量,并在调水调沙实践中得到检验。

(4)开发完成黄河下游一维水流—泥沙—水质动态模型,开展了系统的构件测试、模型率定、模型验证,并在生产实践中进行了应用。

(5)研制了包括前处理模块、水沙输移模拟组件、后处理模块和帮助及辅助工具等模块组成的黄河中下游水沙输移模拟系统,建立了系统数据支持平台,实现了 GIS 与专业应用模型之间的集成和可视化。

## 2.2.5　泥沙空间优化配置及水库泥沙处理技术

黄河泥沙空间优化配置技术与模式研究。针对黄河泥沙空间分布存在的突出问题,围绕黄河泥沙空间优化配置的理论与模型、潜力与能力、技术与模式、方案与评价等进行了系统的研究,提出的黄河泥沙空间优化配置模式与方案为合理安排黄河干流泥沙、构建黄河水沙调控体系工程布局提供了科技支撑:

(1)系统分析了 1950 年以来不同时期黄河干流泥沙分布现状和存在的主要问题,为黄河泥沙空间优化配置研究提供了基础。

(2)构建了黄河泥沙空间优化配置的总体框架,提出了黄河泥沙空间优化配置理论与方法,确定了优化配置的 7 种方式和 10 个配置单元,为黄河泥沙空间优化配置提供了理论依据。

(3)研发了黄河泥沙空间优化配置数学模型,该模型由河道水沙动力学模型和泥沙多目标优化配置模型两个子模型构成,为黄河泥沙空间优化配置提供了研究手段。

(4)系统研究了 7 种方式配置泥沙的潜力、能力与经济投入,以及泥沙配置技术、综合利用措施,提出了未来可能的黄河干流泥沙的 4 种配置模式及相应的 4 个基本配置方案,并计算了 3 种水沙系列条件下 14 个优化配置方案。

（5）建立了黄河泥沙空间优化配置方案的综合评价方法，对优化配置方案效果进行了综合评价，并推荐了优化配置方案，给出了推荐方案中各种配置方式的顺序及其沙量配置比例，以及不同河段各种配置方式的沙量配置比例，课题成果已应用于黄河治理的相关规划编制和生产实践。

小浪底水库蓄水期高效输沙关键技术研究。分析提出了水流含沙量、泥沙级配等因素对浑液面沉速的影响，水库泄流对浑液面沉速及含沙量垂线分布的影响，浑水水库浑水界面沉速及含沙量分布变化预测方法等。初步归纳了描述"浮泥"运动特性的三维数学方程，对适宜的三维数值方法进行了研究和尝试。

小浪底库区泥沙起动输移方案比较研究。提出了自吸式管道排沙和射流冲吸式排沙两种方案，并计算了排沙单价。通过进一步滚动研究，有望在水库泥沙方面取得实质性突破，一方面可以为调水调沙提供更多的泥沙，输送入海；另一方面有利于在较长时间内保持较大的可调节库容，延长水库的使用年限。

通过理论计算、模型沙及原型沙模型试验、现场试验，提出了水力—机械一体化排沙技术，为水库高效排沙提供了手段。研究了前伸式排沙廊道的漏斗形态、水动力荷载特性、结构应力状态，计算了廊道分布规模，探讨了多泥沙河流的水利枢纽排沙建筑物布置方式。

综上所述，尽管围绕水库冲淤规律及调控技术开展了大量的研究，取得了很多成果，在小浪底水库运用、黄河调水调沙、三门峡水库运用方式调整、利用桃汛冲刷潼关高程等实践中发挥了重要作用。但是，由于黄河含沙量高，水库淤积严重，下一阶段需要在水库明流排沙和降水冲刷规律、小浪底水库异重流塑造和运行规律研究、小浪底水库干支流淤积形态研究、库区泥沙起动技术研究、干流骨干水库联合运用方式与机制研究等方向开展工作。

# 2.3　黄河水沙演进及河道冲淤演变规律

黄河水沙演进及河床演变规律的研究,一直是黄河基础研究的重要组成部分。近期,特别是"十五"以来,通过国家科技攻关计划重大课题"维持黄河下游排洪输沙基本功能的关键技术研究"、国家自然科学基金重点项目"水沙变异条件下黄河下游河道再造床机理及调控对策研究"、"黄河下游河道整治约束机制及调控效应"、"黄河中下游泥沙输移规律和二维水沙模型研究"、"基于河势稳定原理的黄河游荡性河段河道整治机制研究"、国家"973"项目"黄河水沙过程变异及河道的复杂响应"、水利部重大项目"潼关高程控制及三门峡水库运用方式研究"、黄委重大项目"黄河下游游荡性河道河势演变机理及整治方案研究"、黄河河情年度咨询及跟踪研究等项目,围绕黄河调水调沙试验及生产运用、黄河下游河道整治、宁蒙河道的防洪等维持黄河健康生命实践活动,针对水沙搭配关系、输沙需水、主槽塑造与维持、二级悬河等,进一步开展了大量关于黄河水沙演进及河床演变规律方面的研究,取得了以下主要研究成果。

## 2.3.1　河床演变规律及机理

### 2.3.1.1　河势演变规律

(1)近期围绕黄河下游河道治理方案,重点对河势游荡、摆动规律开展了大量研究,提出了大量成果,如游荡性河道产生的根本原因为来水来沙的剧烈变化,河势自然演变幅度与水沙变幅成正比;河床可动性决定了河势演变的剧烈程度、主流线弯曲系数、河弯特征值等沿程增大等;提出了黄河下游河势演变中存在"高概率"流路。另外,提出了河势演变剧烈的原因为主汊淤积、河床易动及沙洲消长;研究了冲积河流的河型主要取决于水流动力与河床阻力关系,两者差距越大,游荡性越强。而畸形河弯特别是河道萎缩条件下畸形河弯的形成,一方面在于河道形态及河床物质组成的不均匀性,局部存在的抗冲较强的胶泥层和节点工程,制约了河弯的正常发展;另一方面为长期小水作用。

(2)对河势演变机理进行了探索性研究,一方面利用水流紊动结构及涡能理论以及弯道次生环流结构,结合边壁泥沙颗粒的起动条件研究了"河性行曲"机理,认为微观紊动涡旋是河流自然弯曲的根本,宏观次生环流是河流自然弯曲的动力。另一方面,从冲积性河流"动能自补偿"机制角度,探究了河流弯曲的原因。还利用三维数学模型及土工试验,分别对"大水取直,小水坐弯"及"畸形河弯"形成机理进行了有益的探索;利用最小方差理论研究了黄河下游游荡性河道河弯流路方程;通过床沙与水流的依存关系和紊流中异质粒子的跟随性研究,探讨了黄河下游床沙粒径组成及其活动性对游荡河型的影响机理等。

#### 2.3.1.2 滩岸侵蚀模式

河势演变过程中,滩岸侵蚀是主流摆动、游荡的主要表现方式之一。通过土工试验及力学分析认为,重力作用下的滩岸崩塌是滩岸侵蚀的主要原因,水流直接冲刷是引起滩岸崩塌的一个重要因素,滩岸的侵蚀速率则主要取决于滩岸的稳定性、断面形态。另外,研究提出了滩岸侵蚀速率 $J^{0.1}$ 与 $Q^{0.2}$ 或成正比,游荡性河段滩岸后退速率远大于弯曲性河段。

### 2.3.2 游荡性河道整治理论与技术

小浪底水库投入运用,为游荡性河道进一步整治提供了有利条件。2002 年以来,黄河游荡性河道整治理论与技术,主要围绕微弯型河道整治方案的改进和完善开展了相关研究。

### 2.3.2.1　河道整治方案研究

（1）黄河下游河道整治工程方案，长期以来以微弯方案为主。但是，在近期持续枯水条件下，微弯方案的不足已逐渐显现。为此，通过大量实体模型试验研究，结合数学模型计算、国内外同类河道整治经验，针对黄河当前的水沙和边界条件提出了很多研究成果。比如，在微弯型整治方案基础上，结合游荡性河道"藕节"状外形，提出了"节点工程"的概念，界定了节点工程长度（10 km 左右），分析了其对下游河势的影响（20～30 km），并提出了游荡性河段节点工程布局及数量，形成了"分段整治、突出'节点工程'、实现游荡性河道整治有机统一"的整治思路。

（2）提出了适应小浪底水库运用后的水沙条件下的河道整治参数，如河道整治流量（4 000 $m^3/s$）、整治河宽（东坝头以上河段 800 m、东坝头至高村河段 1 000 m）、排洪河槽宽度（2.0 km）等。提出了"顺势布弯、就弯设坝、遥相呼应、规模适度"的游荡性河道整治工程布设原则。

（3）分析了河道整治对河型转化的影响，提出了游荡性河段转化为限制性弯曲河段的条件即两岸有效的控导工程长度需占河道长的80%左右。近年工程运行的实践证明，研究提出的黄河温孟滩河段河道整治工程体系，较好地控制了河势的游荡性，被认为是游荡性河道整治的模范河段。

（4）鉴于黄河下游游荡性河道整治的复杂性，任何一种方案都难以完全满足要求。近期根据国内外其他河流双岸同时整治的经验，利用模型试验对双岸整治方案进行了初步研究。分析了双岸整治工程对防止清水冲刷塌滩、河槽展宽、刷深主槽、控导洪水的作用。

#### 2.3.2.2 切滩导流技术

（1）近期针对畸形河弯问题主要开展了有关切滩导流技术研究，通过实体模型试验及类比分析，研究了切滩导流中的主要影响参数，提出了相关成果，如裁弯比是引河能否顺利冲开并达到分流要求的关键因素，裁弯比越大，引河过流越大，发展越快，最终分流效果越好，最优裁弯比为 3 ~ 7。引河的截面面积、截面形态也是影响引河发展的重要因素，在裁弯比、挖河位置相同的条件下，引河的截面面积越大，引河河槽窄深，引河发展速度越快，分流效果越好。一般情况下，引河截面面积应占老河的 10% ~ 20%。

（2）挖河线路合理布局必须遵循因势利导的治河原则，使裁弯新河与其上、下游河道平顺衔接，形成顺乎自然发展的河势，引河入流角度控制在 25°以内等。

#### 2.3.2.3 河床演变对河道整治工程的响应

（1）基于河流动力学理论，结合实体模型试验，对黄河下游游荡性河道河床横断面几何形态、水力比降及河型调整与河道整治的复杂相应关系进行研究，提出河道整治后流速横向分布改变、断面中泓水流强度增加，有利于形成窄深河槽。河道整治对总比降调整影响明显，但对黄河下游不同的河段影响程度不同。系统完善的河道整治工程，能够有效地控导主流、改善河势，并促进河型由游荡型逐渐向过渡、限定性弯曲型转化。

（2）利用理论分析结合数学模型、实测资料，研究了河道整治工程对河道输沙能力的影响。研究认为，河道整治工程特别是双案整治方案，缩窄了中等洪水主流摆动宽度，水流集中，输沙能力可明显增加；对中小流量洪水，河道整治工程约束作用较弱，对水流输沙影响不明显。

#### 2.3.2.4 防汛抢险及堤坝安全监测、评价技术

（1）针对黄河下游游荡性河段河势游荡、复杂多变，一些河

段畸形河势发育、威胁防洪工程和滩区安全的情况,研制了安全可靠、易于拆装、可重复使用的拼装式新结构桩坝,可用于黄河下游游荡性河段畸形河势调整、防护工程施工等,并可推广到河道整治工程建设、深基坑开挖支护、临时码头建设等,应用前景广阔。同时,提出了"移动式不抢险潜坝设计方案"、"移动式不抢险潜坝施工专用设备"、"移动式不抢险潜坝施工技术"、"黄河下游移动式不抢险潜坝试验工程设计"等一整套拼装式新结构桩坝滩地施工技术及设备。

(2)开展了黄河下游坝岸工程安全监测技术研究,在河南黄河武陟老田庵、温县大玉兰控导工程坝体埋设由光纤光栅、振弦式位移计等感测组件组成的不同类型变形监测系统,量测坝体护坡、根石变动情况,初步实现了坝体靠河部位迎水面、坝头及上跨角的坝坡、坝根变形进行连续性动态数字监测。

(3)开展了堤防工程病害诊断关键技术研究,分析并总结了造成现有堤防隐患电测资料失真的基本原因;完成了实验室堤防模型设计及试验方案的制订,废旧堤试验模型的初步设计;采用 ANSYS 有限元软件对堤防病害进行数值模拟计算,针对堤防和电法装置特点建立三维模型进行了稳定电流传导分析。

## 2.3.3　黄河水沙搭配关系及水沙运行规律

### 2.3.3.1　黄河冲淤临界水沙关系

(1)冲淤临界水沙关系是水库调节水沙过程、减轻下游河道淤积、遏制主槽萎缩的主要依据。"八五"期间对黄河下游河道阻力及输沙特性研究表明,黄河下游艾山以下窄河道,当流量大于某一量级时,泥沙可基本不淤;对于整个下游而言,当来沙系数大于 0.01 时,河道多发生淤积。近期根据黄河下游"上宽下窄,上陡下缓"的河型特点,利用横断面河相系数与流量的关系,结合一般水流输沙能力公式分析,论证了该临界流量约为

2 500 m³/s,同时提出了长时期内黄河下游上、下河段平衡输沙的条件及其表达式。另外,黄河下游水沙、河道淤积关系的研究得到了进一步发展,着重研究了黄河下游流量及含沙量、泥沙粒径及河道淤积之间的关系,并结合实测资料提出了黄河下游冲淤临界流量、含沙量、泥沙粒径相互关系;基于河床演变学的原理及实测洪水资料,对黄河下游河道冲淤达到相对平衡条件下的洪水分组含沙量、分组来沙系数等参数的阈值进行了研究,并初步提出了相应的数学表达式。

(2)国家"973"计划"黄河水沙过程变异及河道的复杂响应"项目,还利用河流最小可用能耗原理、统计熵理论、泥沙数学模型等对黄河下游冲淤临界阈值进行了研究,提出了多年平均临界含沙量为 20 kg/m³ 左右。根据黄河下游临界水沙关系成果,提出了黄河调水调沙试验调控指标即控制花园口流量 2 600 m³/s、含沙量 20 ~ 30 kg/m³、持续时间 10 d 左右等。黄河调水调沙试验实施后,在遏制了黄河下游主槽萎缩、改善黄河下游生态环境方面发挥了明显作用。

(3)宁蒙河段水沙搭配关系的研究相对薄弱,初步探讨了不淤洪水泥沙条件,如流量为 2 000 ~ 2 500 m³/s、含沙量为 7.6 ~ 9.5 kg/m³、持续 15 d 等,并提出了巴彦高勒至头道拐河段冲淤临界来沙系数为 0.005 左右。

(4)围绕潼关高程问题,初步研究界定了渭河下游河道临界冲淤来沙系数为 0.1 左右。水流冲淤及水沙搭配系数关系,一方面可为水库调水调沙提供依据,另一方面也是计算输沙需水的重要部分。

### 2.3.3.2  黄河水沙运行规律

(1)冲淤来沙系数是反映河道冲淤状况的重要指标之一,对正确评估河道冲淤发展趋势或水库水沙调控后对下游河道的影响十分重要。因此,近期对黄河下游、宁蒙河段、渭河下游冲淤临界来沙系数差异较大的原因及产生机理进行了探讨,初步认为泥沙粒径等因素影响较大。结合黄河调水调沙试验,研究了细泥沙对输沙能力的影响、细泥沙特别是水库排放异重流在黄河下游河道的运行规律。研究发现,细泥沙水流具有很强的输沙能力,并且在河道很少形成"永久性"淤积物,对主槽萎缩影响较小。因此,细泥沙水流或异重流排沙时,同样流量下其不淤含沙量可超出上述小浪底水库调水调沙控制指标。

(2)小浪底水库调水调沙运用后,黄河下游又出现了高含沙洪水洪峰沿程增加的现象,特别是2004年8月洪水表现非常突出。高含沙洪水洪峰沿程增加的原因及机理已有很多研究,已提出"河道糙率变化"、"局部沙坝"、"浆河阵流"、"挤压或聚集"、"孤立波"、"水跃"等观点。近期重点对洪峰期河道沿程糙率的变化等开展了深入研究,并认为洪水过程中糙率突然变小为洪峰异常增加的主要原因之一,漫滩洪水归槽、河道冲刷等也可促使洪峰异常增值。

### 2.3.3.3　输沙水量研究

黄河输沙水量的研究经历了长期的发展过程,提出了大量有价值的成果。已有的研究可分输沙水量及单位输沙水量两类,计算方法有沙量法、含沙量法等。近期提出了冲淤比修正法,利用输沙量、水量、泥沙粒径与河道冲淤之间的关系计算输沙水量,探讨了基于主槽不萎缩的输沙水量计算法等。黄河是多沙、堆积性河流,在泥沙输送过程中,河道淤积难以避免,输沙水量往往与河道淤积密不可分。将输沙水量与河道冲淤量建立关系,无疑是黄河输沙水量研究的重要进展。在目前的《近期黄河水资源规划》中,黄河下游及渭河下游输沙水量成果,均采用了在一定淤积水平下所需的输沙水量。但是,这一输沙水量涉及的淤积量,仍需一定的水量输送。针对主槽不萎缩提出的输沙水量特别是洪水输沙水量,概念更为明确,对目前的水沙调控更具参考价值。

#### 2.3.3.4 渭河下游水沙运行规律

（1）2003 年 8 月渭河下游洪水灾害后,针对渭河下游主槽萎缩、潼关高程抬升等问题开展了全面的研究。首先利用数学模型、实体模型等工具结合实测资料论证,对渭河下游河道淤积成因和潼关高程下降对渭河下游冲淤的影响进行了系统分析,提出了潼关高程降低对渭河下游减淤影响主要表现在主槽的减淤、近期渭河下游淤积主要是渭河来水特别是洪水大幅度减少所致、三门峡水库运用初期渭河下游淤积主要受潼关高程抬升影响等成果。

（2）对渭河近年来水沙变化原因、变化过程进行了全面分析,提出了渭河近期径流量、洪水的减少主要发生在渭河北道以下至华县(包括张家山以下)的清水区、水量减少比例大于输沙量、小流量级水流天数增多、相应径流量占总量比例增加等成果,同时认为水利水保工程具有一定拦蓄水沙、改变洪水过程的作用。

（3）基于渭河下游水沙运行规律,以及泾河洪水对渭河下游排沙比的影响,结合数学模型计算,研究认为每年 6~9 月从小江引水 300 $m^3/s$,对渭河减淤作用明显;小江引水与泾河水库泄放人造洪峰的配合方案,可进一步改善水沙关系,减淤效果更好。

### 2.3.4 黄河中水河槽的塑造与维持

#### 2.3.4.1 黄河干流主槽维持规模及相应水沙过程

"十五"期间主要成果如下:

（1）河道主槽萎缩普遍存在于黄河各河段,特别是黄河下游与宁蒙河段主槽萎缩问题更为突出。近期的研究成果,系统地分析了河道主槽萎缩过程及成因,分析了萎缩河道的内外部特征,归纳出了主槽萎缩的主要模式(如"滩槽均淤"、"集中淤槽"等),探讨了主槽萎缩致灾机理;基于河床演变自动调整机理,初步提出了反映平滩流量、来沙系数与流量的相互关系的滞后模型;结合上述研究及黄河下游河道输沙效率、冲刷期冲刷效率、黄河下游滩区防洪及未来水沙及洪水变化趋势等方面的研究,提出了黄河下游适宜的主槽维持规模为 4 000 m³/s 左右,并利用实体模型试验研究了黄河下游断面形态与洪水过程的响应关系(如平滩流量、平滩宽深比与洪水特征值的关系等),结合泥沙数学模型方案计算及实测资料研究,提出了黄河下游维持 4 000 m³/s 流量的主槽相应水沙过程的调控指标,包括径流量、沙量、洪水流量、含沙量、峰型等,分析了小浪底水库不同调控方案的塑槽作用,探讨了一般含沙漫滩洪水的流量控制指标。

(2)从内蒙古河段防洪、防凌、输沙、河槽冲刷需求等方面,初步提出了内蒙古河道适宜的主槽维持规模为 2 000 m³/s 以上,并初步提出了相应的洪水条件。

(3)这些研究成果,在黄河调水调沙实践中,为小浪底水库调控下游流量、含沙量过程等方案的决策,提供了直接的技术支撑,也可为遏制内蒙古河段主槽萎缩、改善水沙条件提供参考。

"十一五"期间,开展维持黄河主槽不萎缩的水沙条件研究,以黄河下游和内蒙古河段为研究对象,通过野外查勘、模型试验、数学模型计算、理论分析和实测资料研究,建立了黄河下游主槽不萎缩的水沙过程控制指标,提出了维持黄河主槽不萎缩的水沙条件。

(1)基于河床调整速率与当前状态和平衡状态之间差值关系,建立了平滩流量滞后响应模型及相应的平滩流量计算方法。

(2)建立了非漫滩洪水流量、含沙量、泥沙粒径与河道冲淤之间的关系及冲淤临界水沙搭配关系,提出了洪水峰型和历时对河道排沙影响的量化计算方法;完善了漫滩洪水的滩槽冲淤模式,提出了"淤滩刷槽"、"淤滩淤槽"的判别条件。

（3）提出了维持主槽不萎缩的汛期输沙需水量概念,建立了维持主槽不萎缩的汛期输沙需水量的系列计算方法,包括主槽冲淤平衡法、能量平衡法、平滩流量法、数学模型法和优化法。

（4）研究了平水期黄河下游冲淤规律,提出了各河段冲刷临界流量,阐明了引水引沙对河段冲淤影响机理及相应的计算方法。

（5）提出了维持黄河下游主槽不萎缩的水沙条件,包括汛期非漫滩洪水流量、含沙量调控指标,汛期漫滩洪峰流量控制指标及相应的洪水水量、沙量、河道冲淤条件,平水期流量控制指标等。得出了不同来沙条件、小浪底水库不同调节条件下维持黄河下游主槽不萎缩的汛期输沙需水量。

（6）分析了黄河内蒙古河道淤积萎缩成因及影响因素,得出了河道冲刷的临界流量,临界冲淤来沙系数,平滩流量与径流量、洪水洪量、洪峰流量关系。提出了维持黄河内蒙古河段主槽不萎缩的水沙条件,包括合理主槽过流能力,低限年均径流量、沙量,汛期径流量及洪峰流量和洪量。

## 2.3.4.2　主槽变化规律研究

从河道冲淤的角度分析了平滩流量、造床流量的内涵及相互关系,研究提出了相应于河道纵、横剖面达到平衡时的造床流量及其计算方法,该研究可为黄河干流确定的主槽维持规模提供理论上的佐证。另外,对高含沙洪水典型的输沙塑槽规律进行了探索性的研究,结合黄河下游、渭河、北洛河等实测资料,提出了高含沙洪水在窄深河槽中,具有较强的输沙能力,输沙效率很高;但是在宽浅游荡性河段,其淤滩塑槽作用十分强烈,主槽、滩地均发生淤积且形成明显的窄深河槽,主槽严重萎缩,平滩流量下降。可见,黄河高含沙洪水具有高效输沙、严重淤积的双重特性,应是今后黄河治理中重点关注的问题之一。

### 2.3.4.3　黄河下游宽河道滩区

黄河下游滩区面积3 544 km²，居住人口181万人，具有巨大的滞洪沉沙作用。多次召开有国内知名专家学者参加的黄河下游"二级悬河"治理、黄河下游治理方略等有关专题会议进行研讨，并多方筹措资金，开展"黄河下游滩区治理模式研究"、"黄河下游滩区生产堤利弊分析研究"、"黄河下游滩区滞洪沉沙区设置与划分研究"、"黄河下游滩区补偿政策研究"专项研究，以及进行"二级悬河"治理试验等，取得了加快"二级悬河"治理、进行滩区安全建设、发展滩区经济和实行滩区淹没补偿的共识。提出了滩区群众实行局部外迁结合滩区移民建镇就地安置模式保护生命财产安全；黄河下游滩区具有巨大的滞洪、沉沙作用，生产堤在不同程度上影响滩槽水沙交换，宜科学改造利用生产堤、设置滩区滞洪沉沙区进行滩区水沙调控；实行滩区淹没补偿，解决滩区群众与水争地和发展经济问题等成果。

### 2.3.4.4　"二级悬河"研究

黄河下游严峻的"二级悬河"形势，使得中等洪水出险概率加大，洪水威胁增加。近期围绕黄河下游"二级悬河"问题开展的主要研究工作为：系统分析了黄河下游"二级悬河"的发展过程，明晰了目前黄河下游各河段"二级悬河"形势；从横断面流速分布的角度，研究了横比降形成的机理，提出了不合理的水沙搭配关系是致使河槽严重淤积萎缩呈"悬河"及"二级悬河"的主要原因，生产堤的存在减少了洪水期滩槽水沙交换次数，以及嫩滩大量垦殖，使其淤积幅度增大。诸多因素加剧了"二级悬河"的发展；通过黄河下游水沙演进规律分析，认为主槽规模与"二级悬河"形势有关，增大主槽过流能力，降低主槽河底高程，可减缓洪水期"二级悬河"的威胁。另外，还研究提出了疏浚主槽、淤堵串沟、淤填堤河、修建防滚河工程、淤背固堤淤筑相对地下河等治理"二级悬河"的对策。

　　总之,在长期的研究中,尽管取得了大量的研究成果,在近期黄河的管理与开发实践如黄河调水调沙、小北干流放淤等活动中,发挥了重要的科技支撑作用,但是由于黄河水少沙多,水沙关系不协调,河道水沙演进及冲淤演变规律极其复杂,对黄河基础规律及机理等方面的研究,仍不能满足要求。还需要在黄河洪水演进规律及机理、黄河不同泥沙级配含沙水流的临界水沙关系及规律、中常洪水的量级及频次变化研究等方面进行深入研究。

## 2.3.5　黄河口演变及其模拟研究

　　黄河口地貌演变是河道径流、泥沙、潮流、风、波浪、科氏力、温度、盐度等多因素、多传质综合作用的结果。与黄河下游及库区等方面研究相比,黄河口研究相对薄弱,虽然有一些科研院所、高等院校、水管理单位从河流或海洋动力学的角度开展了相关研究和试验,但仍有很多方面还没有形成共识,特别是对黄河口演变规律和机理还缺乏深入的认识和把握。现阶段主要研究成果如下。

### 2.3.5.1　黄河口演变规律

　　(1)黄河口河道演变规律。

　　黄河口流路演变规律。在实测资料分析的基础上,总结出黄河口流路通常经过三个阶段,即散乱—单股延伸—出汊,与散乱、多汊河道相比,单股河道行河好;黄河口治理应以维持黄河口流路为单股河道为目标。

　　关于黄河口单股河道出汊的原因,大致有以下观点:一是由于黄河口拦门沙所致;二是由于潮汐造成河口河道淤积、河口河道中段比降较缓所致;三是地转偏向力造成黄河口河道向右出汊、摆动;四是风暴潮造成黄河口河道行洪不畅,导致黄河口河道出汊;五是黄河口流路延伸造成黄河口河道出汊等。

关于清水沟流路发展趋势,鉴于黄河口清水沟流路演变规律的复杂性,目前关于清水沟流路使用年限的研究还存在很大差异。有的研究认为,清水沟行水潜力已经很有限,黄河改道势在必行,建议流路改道应遵循自然规律、人工协助摆动以行水故道间洼地等,但也有研究认为清水沟可行河几十年甚至上百年。

关于黄河口口门附近沟汊演变研究。通过遥感卫片、实地调查,初步分析了1985~1996年清水沟口门附近沟汊的演变进行了探讨性研究。发现清水沟北侧沟汊多于南侧、入海口偏东的沟汊相对稳定一些等规律。但对黄河口口门沟汊演变机理的认识存在不同的观点,一是认为沟汊演变主要与河流水沙有关,二是认为沟汊演变不仅与黄河水沙有关,而且与黄河口附近波浪形成的沿岸流、沿岸输沙等有关。

关于黄河口河道冲淤规律。水沙条件是影响黄河口河道冲淤的主要因素,黄河口单股河道冲淤规律类似黄河山东河道("洪冲枯淤"),1986~2000年黄河口枯水系列造成河口河道淤积、主槽萎缩,仍然与黄河山东河道冲淤特点类似。除水沙条件外,还认识到黄河口演变还受黄河入海流路状况(长短、单股或多汊等)的影响。

另外,专家们还对河道河床边界条件、黄河口沙嘴延伸程度、潮汐等海洋动力对黄河口河道演变的影响,以及小浪底水库运用以来黄河口演变特点等进行了探讨性研究。

(2)黄河口拦门沙形成及其演变。

通过黄河口实测资料分析和黄河口概化模型试验研究,发现黄河口拦门沙主要是由于河口地形开阔、潮流顶托入海径流致使流速降低、泥沙大量落淤所形成的。1986~2000年枯水系列造成拦门沙发育减缓,对黄河下游河道影响相对减弱。

近年来对其他因素(温度、盐度、波浪所形成的沿岸流、最大混浊带等)对黄河口拦门沙形成、演变的影响,进行了探讨性研究。

（3）黄河三角洲海岸演变。

目前,对河流入海水沙、风、浪、潮等因素对黄河三角洲演变影响,都做了不同深度的研究,取得了部分研究成果。

探讨了保持黄河三角洲海岸冲淤平衡的条件,发现当入海泥沙 2 亿 ~4 亿 t,或当入海泥沙 2.8 亿 t、入海水量约为 75 亿 $m^3$ 时可保持整个三角洲海岸冲淤量平衡。当黄河口来沙系数为 0.01 时,黄河口沙嘴冲淤变幅基本为零等。

探讨了波浪因素对黄河三角洲海岸线调整趋势的影响,初步认识到,黄河口海岸具有逐渐向垂直于强浪方面调整的趋势;初步认识到刁口河停止行河以来,黄河水沙、波浪、海岸防护工程等因素对刁口河附近海岸蚀退都具有影响。

探讨了黄河三角洲海岸与河口河道演变的关系,初步认识到在黄河口向海推进时,横剖面由缓逐渐变陡,当沙嘴延伸一定长度后,横剖面(水下三角洲的前坡段)维持陡峭的比降,黄河口河道开始衰亡、出汊。

### 2.3.5.2　黄河口淤积延伸对黄河下游河道的影响

（1）关于黄河口淤积延伸对黄河下游河道的反馈影响能够达成的共识是,黄河口淤积延伸造成其上游河道河床升高,黄河口蚀退造成其上游河道河床下降,但是对其反馈影响程度等尚存在较大分歧。

（2）近年来,开始应用数学模型对黄河口淤积延伸反馈影响问题进行探讨。大致分为两类:一是使用黄河下游一维水沙动力学模型与黄河口延伸经验模型,研究发现,黄河口淤积延伸反馈影响在艾山以下且主要在泺口以下;二是使用黄河下游—河口—二维连接水沙模型,研究发现,在设计水沙条件下,黄河口淤积延伸反馈影响逐渐由河口向上游发展,至第 34 年时,反馈影响的距离(用水位作为指标)大致在兰家附近,(即距离现在的清 8 入海口约 155 km,利津上游约 55 km)。

### 2.3.5.3　黄河河口数学模拟方法和理论研究

黄河河口水沙模拟系统关键技术研究。基本完成了黄河口平面二维水沙模型的构建,已在水文测验、黄河口潮流场运动规律研究、黄河口治理方略论证等得到应用,并为黄河口概化模型提供了海边界和流场信息,初步掌握了渤海(包括黄河河口)风暴潮数值再现技术。国内科研院所和高校等单位也先后使用一维水沙模型、平面二维水沙模型、三维水沙模型模拟黄河口水沙运动和地形演变。神经网络等模型也先后用于黄河口地貌演变的模拟。这些模型在黄河河口海岸治理决策中发挥了重要作用。尽管如此,由于受历史条件等因素的限制,对基于动力学的黄河口水沙模型的一些关键参数研究还不够深入,有待进一步深入研究。

(1)泥沙恢复饱和系数。

关于泥沙恢复饱和系数($\alpha$)的研究,不同研究在处理不同问题时所取的 $\alpha$ 量值或函数也不同,取值范围大致在 0.025～1.5。但是,通过参数灵敏度分析发现,$\alpha$ 值大小对黄河口濒海区冲淤变形计算结果影响不明显。

(2)河口挟沙能力。

目前关于河口挟沙能力的公式大致可分为三种:一是基于理论推导出的公式;二是借用河道或其他河口的挟沙能力公式;三是根据因次分析和黄河口资料回归分析得出的公式。河口挟沙能力是一个包含水流、泥沙等因子的复合参数,其中沉速计算精度也是直接影响挟沙能力计算的重要因素之一,另外河口挟沙能力很难直接量测,因此建议今后工作重点首先放在其他可直接量测的参数研究上,而后开展河口挟沙能力研究。

(3)泥沙沉速。

目前应用于黄河口模拟的水沙模型或是借用其他河口的沉速公式,或是借用河道沉速公式。由于至今没有进行黄河口泥沙动水沉速测验,这些沉速公式是否适合实际,尚需进一步验证。

　　相对于泥沙静水研究,泥沙动水沉速研究缓慢,但是近年来,欧美等国家开始了泥沙动水沉速研究,已经初步研制出基于声学、光学等不同原理的动水沉速测量仪器。他们的研究和仪器为黄河口泥沙动水沉速量测和研究提供了技术参考。但是,由于这些仪器具有各自的适用条件,能否直接符合黄河口泥沙沉速测量的要求,需要首先开展仪器的适应性研究。

### 2.3.5.4　黄河口实体模型研究

　　国内一些研究院所、高校等先后使用黄河口概化模型进行黄河口水沙运动和地形演变研究,模型试验结果为黄河口治理决策提供了有力的技术支撑。目前,黄河口实体模型正在建设中。黄河口实体模型建设后,将用于模拟在黄河水沙、潮汐等因素作用下黄河口的水沙运动和地貌演变,为黄河口综合治理决策服务。

　　总之,目前对黄河口(河道、拦门沙、海岸)演变规律做了大量的工作,这些成果为黄河口、黄河口下游治理决策提供了有力的技术支撑。但对黄河水沙、潮汐、潮流、风浪、科氏力、温度、盐度等因素,介质对黄河口水沙运动和地形演变的相对影响缺乏系统的研究和界定;对黄河口河道、拦门沙、海岸之间的相互作用机理研究较少;对黄河口水沙数学模型关键参数研究相对薄弱;黄河口水沙运动和地形演变数学模拟的精度尚有较大的改进空间。

## 2.4　黄河水文水资源研究

　　"十五"以来,依托国家"948"引进项目、国家重点基础研究发展计划("973"计划)"黄河流域水资源演化规律与可再生性维持机理"、国家自然基金重点项目"黄河流域典型支流水循环

机理研究"、国家自然基金重点项目"宁蒙河套灌区水平衡机制
及耗水量研究"、国家科技支撑计划"黄河中下游水资源开发利
用及河道清淤关键技术研究"、水利部科技创新项目"黄河生命
流量研究"和"黄河宁蒙河段冰情预报"、治黄基础研究项目"宁
夏引黄灌区引退水规律研究"和"黄土高原小理河产流规律变
化研究"等,通过与国内外有关科研单位广泛合作,在水文测验
技术、水文水资源基本规律研究、水文水资源预测预报、水资源
调度与管理等方面又有了许多新的进展。

## 2.4.1　黄河水文基本特性和规律

"十五"以来,针对由于水利工程建设、水土流失治理、水资
源开发利用等人类活动造成黄河流域下垫面条件发生了很大变
化的事实,结合成因分析和数理统计方法,提出了比较符合黄河
目前实际的黄河水资源数量(天然径流量 535 亿 m³)。在研究
气候变化对黄河水资源影响程度的基础上,结合黄河流域下垫
面条件可能变化趋势,初步提出了未来 30 年黄河天然来水的可
能趋势。

通过开展不断变化环境条件下黄土丘陵沟壑区水循环要素
原型试验研究,结合环境同位素技术,在对比分析以往自然条件
下黄土丘陵沟壑区水循环机理研究成果的基础上,对于人类活
动影响下的黄土丘陵沟壑区小尺度水循环机理有了新的认识,
水循环机理发生了根本性的变化,表现在径流系数,入渗系数,
降水、蒸发、径流、地下水之间转化关系等方面。例如,自然条件
下黄土沟壑区产流雨强基本在 30 mm/h 左右,下垫面条件的变
化导致目前产流雨强基本在 50 mm/h 左右。研制开发了变化
环境条件下黄土丘陵沟壑区小尺度产水产沙分布式水文模型,
从而为改进已有的黄土高原产汇流模型参数、提高计算精度提
供了一定的支撑。

在深入调查典型灌区的基础上,结合水文试验、河段水量平衡研究等方法对渭河流域地表水和地下水转化关系进行了深入研究,定量揭示了渭河入黄水量不断减少的原因,界定了降雨量变化、地表水用水增加、地下水开采对河川径流量影响程度、水土保持用水量、雨水利用等因素的作用比例,支撑了渭河流域综合规划的编制。

将河道槽蓄量多少作为水资源可再生性指数关键指标,结合黄河实际来水量变化特点,深入揭示了黄河水资源可再生性维持机理,在此基础上开展黄河流域水资源演变规律研究并研制开发了"天然—人工"二元演化模型,建立了黄河流域多维临界调控模式。开展了黄河重点区域产水产沙规律研究,取得了一定的定性成果。

"十一五"以来,深入开展了黄河流域水沙变化情势评价研究,采用水保、水文、数学模型计算和室内模型试验等方法,在1950~1996年黄河水沙变化研究成果的基础上,通过对黄河流域主要产水产沙区来水来沙变化的原因剖析,阐明1997~2006年人类活动对黄河水沙过程的影响程度,初步预测了未来30年、50年黄河水沙情势。系统核查了1997~2006年黄河中游水土保持措施基础资料;总结了黄河流域水沙变化特点,分析了变化规律,包括径流量、输沙量、洪水、泥沙级配和降雨径流关系等;从气候、下垫面变化等方面的相互作用,剖析了河源区水量变化原因及产流机制的变化;提出了气候、人类活动对入黄径流量和泥沙量变化的影响程度;基本搞清了干流水库调节和主要灌区引水对干流水沙量、洪水过程的影响;初步分析了暴雨洪水对水利水保措施的响应关系;探索了基于 GIS 技术的人类活动对产流产沙影响的识别评价方法;利用多种方法预测分析了黄河流域水沙变化趋势等。

(1)核实了 1997~2006 年黄河中游 25 条入黄支流的 459

个小流域水土保持措施统计资料,通过对典型小流域及样区的调查,并与部分区域的遥感、遥测资料进行对比,核定了黄河中游水土保持治理措施实际面积。

(2)分析了黄河上游源区的径流变化量和变化原因,分析了上游水库运用、灌区引水对干流径流、泥沙的影响。分析得出1997～2006年黄河源区实际年均径流量比1956～1990年减少了43.9亿 $m^3$,其中自然因素占主导作用。

(3)重点分析了1997～2006年黄河中游入黄径流量、泥沙量以及泥沙级配的变化。与1969年以前对比,1997～2006年黄河中游地区年均总减水量约为112.1亿 $m^3$,其中水利水土保持综合治理等人类活动年均减水85.8亿～87.1亿 $m^3$,降雨影响减水约26.3亿 $m^3$,人类活动与降雨影响之比约为7.5∶2.5;年均减沙量约为11.8亿 t,其中水利水土保持综合治理等人类活动年均减沙5.24亿～5.87亿 t,降雨影响减沙约5.93亿 t,人类活动影响与降雨影响相当。

(4)建立了河龙区间暴雨洪水资料数据库及暴雨洪水泥沙模型,分析了河龙区间1970～2006年场次洪水的洪峰流量、洪量、沙量的平均削减程度。

(5)调查分析了开矿等典型人类活动对地表水、地下水循环的影响及河川基流变化机理。通过对窟野河、沁河典型采煤区的调查、分析和计算,查明了煤矿开采对径流量的影响,取得了初步的定量成果。

(6)研究了水沙变化评价预测的理论与方法。通过坡面径流冲刷试验,研究了产生细沟、浅沟侵蚀的径流临界剪切力等;初步建立了基于下垫面抗蚀力的人类活动影响产沙的多因素综合评价方法和基于GIS的水土流失年经验数学模型;提出了利用独立同分布理论、MWP检定法确定水沙系列突变点的方法。

(7)以实测资料为基础,分析了近期水沙变化特点。通过天然径流量序列重建、数学模型模拟和"水保法"估算等方法，预测了 2020 年、2030 年和 2050 年水平年黄河上中游地区的来水来沙量。黄河上中游地区未来天然年径流量变化呈波动趋势，总体上呈现前期偏少、后期相对偏多的特点。

　　紧密结合黄河治理开发与管理的重大科技需求，对黄河水沙调控关键技术、黄河泥沙空间配置模式、黄河中游地区水土保持生态建设、黄河多沙粗沙区粗泥沙控制技术研究等都具有直接的技术支撑作用，为黄河治理开发与管理决策提供了新的科学依据，具有很大的推广价值。对于丰富黄河水沙变化研究领域的科学内容、促进水利科技进步具有积极意义。

## 2.4.2　水文水资源预测预报

　　通过黄河小花间暴雨洪水预警预报、黄河上中游径流中长期预报、黄河宁蒙河段冰情预报、渭河下游洪水预报等项目的开展及其应用系统的研发，一批比较先进的分布式水文模型、产汇流模型等得到了初步应用。其中，黄河上中游径流中长期预报系统的开发，填补了黄河流域非汛期中长期降水预报、旬月径流预报和汛期月径流预报的空白。尤其是利用常规水文气象信息、中尺度预报模式、雷达、卫星等信息采集传输手段进行黄河中游地区致洪暴雨定量预报及暴雨监测，并在此基础上实现洪水预报与暴雨预报结合，实现了花园口站洪水预警 30 h 的预见期。水情信息 30 min 到报率从 30% 提高到了 95% 以上。

　　为满足水量调度的需要，利用经验相关等途径开展了黄河三门峡以下非汛期径流预报方法研究。为满足防凌生产需要，利用数学模型尝试了宁蒙河段冬季气温长期、中期、短期预报研究，制订了宁蒙河段冰情统计预报方案，研制开发了实时信息接收、处理、查询与 GIS 系统。为满足防洪减淤需要，利用经验相关、数理统计等途径尝试了黄河中游干流龙门和潼关断面次洪最大含沙量预报。

## 2.4.3　水资源调度与管理

　　"十五"期间,在深入调查黄河流域重点用水区域用水特点的基础上,研制开发了黄河流域经济用水模型。为加强黄河水量调度,利用统计学方法和神经网络技术等,研制开发了黄河干流河道枯水演进模型;结合黄河宁蒙河段引退水特性研制开发了黄河宁蒙河段退水预报模型;根据黄河干流河段来水特点、水量演进特性、取用水规律等,初步建立了黄河干流水量调度系统。近期对于能源开发影响区域水资源方面的研究有了一定的探索。

　　"十一五"期间,开展了黄河水资源管理关键技术研究:

　　(1)以流域二元水循环模型为工具,揭示出气候变化和人类活动作用下湟水、渭河和汾河三个重点支流的水资源演变五大规律;提出了基于水循环全过程的支流用水评估方法和监测体系,以及湟水、渭河和汾河三个重点支流用、耗水评价成果。

　　(2)按照"预测—评价—调度—反馈"的模式,设计开发了支流与干流调度模型相嵌套、年月旬多时间尺度的渭河流域水资源调度系统。

　　(3)提出了黄河流域农业和七个重点工业部门的用水定额细化指标、2030年黄河流域节水规划推荐目标。

　　(4)提出了黄河流域各省区地表水量分配到地市(盟)和干支流的细化方案,以及各省区地市(盟)地下水量分配方案。

　　(5)提出了黄河流域三级水权市场运行管理及监测机制,系统提出了黄河流域干支流一体化管理机制研究成果。

## 2.4.4　泥沙测验技术

　　针对黄河泥沙特性,在利用声波技术深入研究振动管原理基础上,研发了振动式悬移质测沙仪,大大缩短了泥沙测验时间;在引进英国马尔文仪器公司激光粒度分析仪的基础上,深入分析了在黄河泥沙粒度分布的参数基础上建立激光粒度分析和现有粒度分析成果之间的转换关系,解决了现有泥沙颗粒分析方法作业时间长、测定粒径范围窄、特细颗粒精度较差以及新旧级配资料的衔接等问题。

综上所述,尽管围绕黄河水资源管理与调度等方面开展了大量的基础研究,取得了很多成果,在黄河水资源水量管理与统一调度等实践中发挥了重要的支撑作用,但是由于黄河水资源匮乏、下垫面条件复杂,水量调度难度大,尚需要进一步研究黄河龙门和潼关等重要断面泥沙预报技术、黄河重点支流水资源预测预报、黄河小花间分布式水文模型参数率定、黄河宁蒙河段气温预报等,提高黄河水资源管理与调度水平。

## 2.5　黄河水环境与水生态研究

作为我国水环境领域研究起步最早的流域,黄河在20世纪70年代起就在水化学调查评价工作基础上,开展了河流水质的监测工作。结合国家科技攻关计划、国家自然科学基金,以及水利部科技创新项目、国家环保总局科技重点专项、黄河基础研究专项等,从水环境—水功能—水生态的多学科、多环境要素系统保护的视点,围绕多沙河流水污染特性、高含沙水质监测技术、黄河污染物时空分布及迁移转化规律、水环境数学模拟、水资源环境承载能力及配置技术、河流生态环境需水等方面,开展了大量的基础、应用基础研究并进行了水资源保护的关键技术开发。

### 2.5.1　典型水污染物时空分布和迁移转化规律

#### 2.5.1.1　黄河高含沙水体重金属与泥沙影响关系

针对黄河砷、汞超标问题,开展了黄河中游泥沙的重金属污染背景研究和黄河重金属在水、悬浮和沉积相中的迁移转化规律研究,揭示了黄河高含沙水体重金属与挟沙水流污染的关系,明晰了水体溶解态、悬移态和沉积态重金属污染物在水流中的对流扩散、推移、吸附解吸动态过程,认识到影响泥沙解吸污染物的主要因素是泥沙粒径、含沙量及紊动强度、水体污染物浓度、温度和 pH 值等,并得到重金属浓度与水体泥沙含量直接相关的结论。

### 2.5.1.2　黄河耗氧有机物和有毒有机物迁移转化规律

(1)针对日益严重的黄河耗氧有机物和有毒有机污染物的影响与危害问题,相继开展了黄河干流孟花段有机污染物自净能力和水环境容量研究、黄河难降解有机污染物迁移、泥沙作用影响及水中分配系数等方面的研究,基本弄清了耗氧类有机污染物在黄河水体中的负荷水平及分布情况。

(2)在污染物对生物毒性影响方面,开展了大型水蚤生物监测方法以及其在黄河水质监测评价中的应用研究,探讨了水中污染物对水生物摄取、富集和微生物转化过程的影响,初步奠定了黄河水污染物的生物毒性研究基础。

(3)依托国家自然科学基金项目,“十五”期间,黄委与南开大学、北京师范大学合作在黄河兰州和花园口河段开展了典型特征污染物迁移转化规律研究,初步探讨了可溶及有毒有机污染物在水体环境各相中的分布及变化规律,揭示了黄河下游水体耗氧性有机污染物的来源和污染特征,得出了泥沙中天然有机质对黄河水的 COD 值贡献显著的结论,并揭示了黄河中下游水体中多环芳烃、上游水体中壬基酚等典型有毒有机污染物在黄河重点河段水相和泥沙各相的分配特征与转化机理,以及中下游水体中三氮的水环境转化规律,同时探索了不同水沙条件下污染物的传输和化学动力学机理,进行了源解析研究,建立了污染物归趋和水质模型,预测了典型污染物的承纳水平。

## 2.5.2　水环境模拟和水质预警预报模型

近年来,针对黄河频发的水污染事件,黄委在已开展的水污染物迁移转化规律研究基础上,开展了黄河水质预警预报关键技术的研究。重点模拟了水污染物在河流水体中迁移和归趋的环境行为,通过对黄河下游重点河段的水沙动力学、计算边界条件、污染物迁移转化及建模概化技术等研究,构建了基于突发水污染事件平台的石油类、好氧类有机污染物不确定性水质模型、一维稳态水质模型,初步实现了河流污染水团的动态演进、浓度演变和污染过程的预报,可用于突发水污染情景下河流大尺度特定高浓度污染物浓度梯度的预警和预报,但对于水库和污染源近距离等中尺度敏感取水目标的影响区域预测尚没有开展深入研究。

## 2.5.3　水资源的环境承载能力与保护控制技术

根据流域管理机构的职能要求,围绕水利部治水新思路和治黄总体目标,"十五"期间,黄委在充分考虑流域水资源条件和生态保护需求的基础上,研究并划定了黄河干流和主要支流的水功能区,在揭示污染物入河与河流水功能目标响应的成果上,开展了黄河重点河段水功能区纳污能力及入河污染物总量控制技术研究,基本构建了黄河两级功能区单元基础上的纳污能力模型计算系统,提出了设计条件下的河流纳污能力的计算成果,为控制河流水污染和实现水功能保护提供了基础依据。但现阶段提出的黄河纳污能力仅是设计水量下的控制目标,无法在黄河水量调度预案中得到应用和进行动态管理。

## 2.5.4　河流生态保护技术

20世纪90年代以来,因水资源短缺问题而产生的黄河生态系统失衡问题日趋突出,为此黄委和中国科学院、中国水利水电科学研究院、北京师范大学等机构,先后开展了黄河环境目标需水和水生态保护方面的研究。其中,"九五"以前主要是关注和研究河流最小可接受流量,满足水体自净功能需求;之后随着河流生态系统结构的破坏与功能不断退化,研究重点转向恢复河流生态系统功能的生态流量,逐渐形成黄河生态环境需水量的概念,其研究历程经历了简单估算—传统水力学计算—生物因子与非生物因子综合分析—生物栖息地模拟逐步深入的过程。

"十五"期间,初步确定了黄河流域生态功能分区,对黄河中下游河流生态系统的功能和主要环境保护目标进行了识别,明晰了黄河生态环境需水量的概念内涵,从河流水文机理和水文情势变化的角度,分析水文过程改变对河流相关生态系统的影响,采用环境容量模型及历史流量法(Tennant 法)、湿周法,对污染稀释需水及河流生态系统维持水量进行了研究,提出了黄河干流重要水文断面环境流量;通过对河口生态系统的多角度审视,对河口生态系统演变维持的水条件影响要素有了基本的认识,初步提出了河口生态系统需水的定义、范围和半量化依据。

中荷双边合作黄河口环境需水研究项目,从生态系统保护的角度,以景观生态学原理和方法对河口关键物种栖息地的生境需水进行了较为深入的研究,开展基于生态水文学的河口湿地生态维护和修复的需水机理和过程研究,在河口研究方面取得了一定突破。

北京师范大学、清华大学等学者在黄河下游流域及河道两种层面开展了生态环境需水研究工作,黄河生态需水的研究进展也代表了各方研究人员对黄河水生态系统结构与功能认识的不断深化。

另外,近十几年来,在黄河重点区域也开展了水利水电工程对生态环境的影响研究,对主要河流湿地和水生生物的生物多样性、河流系统的生态完整性及生境破碎化与演变趋势进行了多目标的研究,如"黄河干流控制性工程对河道水生态系统的影响及生态调度"。该课题进一步整理了黄河水生态系统基本情况,进行了黄河水生态系统现状评价及黄河干流河段水生态类型划分,研究了水库运行对河流水沙过程、河道生态系统及河道形态的负面影响,确定了水库生态调度目标,并计算了维持主槽一定过流能力的输沙用水、维持鱼类生存繁衍需要的径流条件、乌梁素海和黄河河口近海生态需水,建立黄河干流中长期水库生态调度模型,提出水库生态调度方案,初步建立了权衡水库生态调度经济社会效益与生态效益之间关系的评估方法和指标体系对生态调度方案进行了评价。

"十一五"期间,开展了黄河生态系统保护目标及生态需水研究:

(1)以3S技术为支撑,结合实地调查、资料分析和元胞自动机 – 神经网络等方法对1950～1970年黄河流域天然植被状况进行了历史重建;构建生态用水监测模型并重现了历史时期生态用水情况;耦合基于物理机制的生态水文模型,开发了区域尺度的分布式生态水文模型(EcohAT, Ecohydrological Assessment Tools)。

(2)通过史料收集、观测资料整理、遥感卫星数据获取,以定性诊断—趋势分析—系统分析—综合集成的方式,研究了黄土高原侵蚀环境演变规律,获得了黄土高原全新世以来的土壤侵蚀强度数据,并进一步探讨了土壤侵蚀强度的空间变异性。

(3)采用四维判别矩阵和聚类分析的方法划分出了黄河流域的一级和二级生态水文分区,进行了生态适宜性评价,并采用RIAM模型明确了生态保护目标的优先序列。

（4）采用景观生态学方法，分析研究了黄河和沿黄典型湿地生态景观的结构、空间格局、生态学特征和生态功能定位，综合确定了黄河湿地优先保护次序、适宜格局、合理规模及水资源需求；针对黄河下游代表性鱼类繁殖对水流的一般要求和鱼类种群资源发育所需要的河段水域规模，研究确定了黄河河流生态系统主要保护鱼类的相应径流条件。

重点取得以下成果：

（1）在水文水资源模拟系统 HIMS（Hydro Informatic Modeling System）的基础上，综合考虑水分循环、营养元素循环和植被生长间的相互影响建立了分布式生态水文模型 EcohAT，并进行了 20 世纪 50 年代以来黄河全流域的天然植被生态用水监测。

（2）构建了地质历史时期侵蚀环境因素的推演技术，通过典型剖面的地层和沉积分析，提出了黄土高原全新世以来坡地系统侵蚀过程的研究方法，建立植被状况空间历史重建技术 Spatial-HRV，完成了 20 世纪 50 年代以来黄河全流域的天然植被推演。

（3）构建了黄河流域生态水文分区指标体系，采用四维判别矩阵和快速影响评价矩阵模型，确立了流域生态系统保护目标识别及定量方法，完成了黄河流域生态水文分区图（1:25 万），阐明了其生态保护目标。

（4）综合分析黄河流域生态水文过程和干流径流生态需水，构建了湿地生态系统的适宜生态格局和规模分析体系，完成了黄河湿地适宜生态格局与保护规模分析。

近年来，随着黄河健康生命理念的提出，黄河研究工作者试图通过多指标方法，从河流生态系统维持的一系列特征指标与参考点的对比记分进行流域层面上的河流健康评价研究，选择了径流连续性、平滩流量、水质等 8 个指标来评价黄河健康程度。鉴于不同指示生物的生命周期及生态位存在显著差异，客观开展河流生态健康评价的一个关键问题就是评价尺度的选择,因此从流域整体出发,对河流生态系统进行健康评价和修复与保护是目前黄河研究所面临的必然发展方向,生态系统健康评价指标体系也将会是今后重点研究的内容之一。

## 2.5.5　多沙河流水质监测技术

多泥沙造成了黄河水质监测的诸多难题。针对黄河特殊的水质监测和泥沙影响评价问题,重点开展了黄河水环境监测关键技术、水样保存、前处理技术与测定方法等多沙河流水质相关观测技术的研究,并完成了高含沙水体监测技术的研究和推广工作,在一定程度上解决了黄河水质监测的技术难题。

近年来开展的黄河水质自动监测站关键技术研究,解决了多泥沙河流的水质自动监测的泥沙前处理等技术难点,研制了可调式五级水样前处理技术和设备,为实时快速的水质监测及黄河水污染事件的应急处理提供了有力支持。

尽管围绕黄河水环境与水生态开展了相关的基础研究,取得了很多成果,为水资源保护的监测和监督、突发性水污染事件的应急处理提供了支撑。但黄河流域水污染恶化的基本趋势仍没有得到有效遏制,黄河流域生态环境脆弱,水生态保护与修复亟待加强,黄河水资源保护形势依然严峻。今后一个时期,应深入开展污染物输移扩散规律、泥沙影响的水环境变化规律等研究,加快污染物输移扩散数学模型研发以及流域水资源开发的生态响应关系、生态环境需水机理、流域生态补偿及水生态与水环境承载能力优化、流域生态监测技术等研究。

# 3　先进技术引进及推广应用

　　黄委自 1996 年开始承担引进国际先进农业科学技术项目。15 年来,在水利部国际合作与科技司、水利部"948"项目管理办公室和水利部科技成果推广中心的大力支持和指导下,紧紧围绕洪涝灾害、水土流失严重、水资源短缺和水生态环境污染严重等问题,引进国外先进水利科学技术成果,内容涉及防洪减灾、农村水利、水资源开发利用及合理配置、水利工程建设与管理、水环境与生态、水土保持、水利量测、新材料等。这些先进科学技术成果的引进对促进水利现代化建设和推动相关领域水利科技发展起到了很大作用。

　　黄委紧密围绕治黄急需,紧紧跟踪世界先进水利科技最新动态,坚持引进与自主创新相结合,积极通过国家"948"计划,引进了一批水利及其相关领域的高新技术、前沿技术和先进实用技术,经过消化、吸收、再创新,以及示范和推广,取得了突出进展和显著成效。其中,"黄土高原水土流失动态监测系统"、"激光粒度分析仪"、"水质自动监测站"等一批重大成果已在黄河调水调沙、小北干流放淤、引黄济津等过程中发挥了不可替代的作用,加速了治黄科学技术进步,为维持黄河健康生命提供了强有力的技术支持。依托"948"计划引进项目建成的"黄河花园口水质自动监测站"、"黄河水土保持生态环境监测系统"、"激光粒度分析实验室"也已经成为各种国际、国内会议、技术访问必不可少的参观内容之一,成为黄委宣传"三条黄河"科技治河体系和"维持黄河健康生命"治河新理念的窗口。

截至 2010 年,黄委共承担了"坝岸工程水下基础探测技术"等"948"计划引进项目 25 项,获得引进经费 417.155 万美元、中央配套经费 372.65 万元,折合人民币共计 3 835.04 万元,以及"激光粒度分析仪应用技术推广"等 10 项"948"创新转化项目。3 项成果获黄委科技进步奖、1 项获大禹水利科学技术奖、1 项获陕西省科学进步一等奖、3 项获黄委创新成果奖。

# 3.1 水文泥沙测验技术的引进和应用创新

泥沙粒度分析和含沙量测定是水文泥沙测验的主要项目,它既是报汛抢险的重要依据,也是水利水工程设计、建设、管理的重要依据,更是研究河流泥沙运动规律必不可少的基础资料。自 20 世纪 50 年代开展泥沙颗粒分析工作以来,黄河水文已积累了大量的泥沙颗粒分析资料,并取得了许多相关的重要研究成果,为黄河防洪减灾、治理、开发与管理提供了可靠的技术支撑。

按照水利行业标准《河流泥沙颗粒分析规程》(SL 42—92)的规定:大于 0.062 mm 粗颗粒采用筛分法,测算颗粒的大小和级配分布;小于 0.062 mm 细颗粒采用沉降法,测量颗粒的沉速,再通过沉降公式反推求出颗粒的大小和分布。由于黄河泥沙粒度范围很宽,几十年来,黄河泥沙颗粒分析一直采用筛分法和沉降法相结合才能完成泥沙样品的全沙分析,还因两种分析方法的原理不同,往往出现一个泥沙样品的全沙颗粒级配在两种方法衔接处的不一致,带来了不同方法间的误差。筛分法和沉降法还具有时间长、环节多、工作效率很低、人为误差较大等不足。

多年的治黄实践证明,黄河的症结是水少沙多,水沙关系不协调,黄河为患,根在泥沙。进入 21 世纪,黄委致力于通过调水调沙人工塑造协调的水沙过程,并在小北干流开展人工放淤试验,来减少进入库区和下游河道的泥沙,以减少下游河道的淤积,延长库区使用年限。调水调沙期间,水沙测报频次是正常年份同期的数十倍,常规测验设备和方法远远不能满足测验需要。如何快速、准确、及时地提供洪水过程中的含沙量、颗粒级配以及河道淤积形态等关键因子,为方案制订和过程中的及时调整提供决策依据,成为亟待攻克的制约因素。

2000～2010 年的 10 年间,围绕泥沙颗粒自动化、快速测验等水文测验的先进技术引进与应用进行了总体目标设计,分阶段实施,有计划地通过申请国家“948”计划的滚动资助,引进国外最先进的技术,通过消化、吸收与再创新,黄河泥沙实验室和在线的快速监测技术实现了突破和“跨越式”发展。围绕该方向共资助项目 6 项,累计经费 1 090 万元,实现了泥沙测验的突破与飞跃。通过“激光粒度分析仪推广应用(2000～2002 年)”项目、“激光粒度分析仪推广应用技术推广(2005～2007 年)”、“激光法与传统法泥沙粒度分析相关关系研究及应用(2007～2009 年)”的连续滚动资助,从英国马尔文公司引进了“激光粒度分析仪”,通过比测试验和分析,建立了测验数据与历史数据的转换关系,实现了实验室泥沙颗粒级配的快速测量,突破了以往不能用一种方法进行全样分析和无法测量极细颗粒(2 μm 以下)的禁区。通过“在线湿法粒度分析控制及动态颗粒图像分析技术(2006～2009 年)”项目引进了“在线湿法粒度分析系统”,经过技术改造和试验,首次实现了在线、动态、连续泥沙粒度和浓度测量。通过“动态泥沙粒形粒度分析技术研究”(2010 年以后),将引进图像粒度分析仪,在分析得到泥沙粒度数据的同时,可以及时观测和得到不同泥沙颗粒的大小和形状。

## 3.1.1　激光粒度分析仪的推广应用实现了泥沙颗粒实验室快速测量

2000年,从英国马尔文公司引进了"激光粒度分析仪",通过引进消化,比测试验分析,解决了现有泥沙颗粒分析作业时间长、测定粒径范围窄、特细颗粒精度差等难题,填补了水利行业的技术空白,促使现有河流泥沙颗粒分析技术发生革命性的变化。沙样分析从原来两个多小时缩短到目前样品预处理、测量、数据输出整个过程只需6 min。通过试验研究,提出了一套适合于测试黄河泥沙粒度分布参数率定的程序、方法和基础参数;建立了激光粒度分析和现有粒度分析成果之间的转换关系,解决了新旧级配资料的衔接;编写的《MS2000 HYDRO 2000G 激光粒度分析仪操作规程(草案)》实用、可行,实现了仪器操作的规范化。

该项技术已在黄河调水调沙、小北干流放淤试验、黄河小浪底水库异重流测验、"模型黄河"研究等治黄管理实践中得到全面应用和检验,及时准确地获取了第一手的泥沙测验资料,发挥了不可替代的作用,实现了黄河泥沙测验的"跨越式"发展。通过该项目的示范、带动作用,黄委又筹资在黄河上中下游建立了7个自动化颗粒分析实验室,在黄河上建起了8个自动化颗粒分析实验室。黄河水文科技有限公司也成为了马尔文公司激光粒度分析仪在中国水利行业的总代理,仪器销售到长江水利委员会、珠江水利委员会等单位10余套,开展技术培训近百人次,起到了很好的示范应用效果。

## 3.1.2　在线湿法粒度分析系统为实现在线、动态、连续泥沙粒度和浓度测验提供了技术支持

在激光粒度仪成功引进和应用创新的基础上,结合工作需

要,在"948"计划的大力支持下,黄委又通过"在线湿法粒度分析系统",从德国引进了"在线湿法粒度分析(OPUS)技术",该技术的原形产品是用于工业产品生产流程中的颗粒监测控制,黄委引进该技术后,结合黄河泥沙测验特点,同时为适应黄河宽浅河道和水库深水测验的实际和野外使用需要,对仪器的结构形式、耐高水压的密封方式等进行了重新设计和改造,使该测量系统适合于黄河高含沙水流测验条件。该成果首次在国内成功开展了超声波含沙量和颗粒级配的在线监测试验;率定出了一套适用于超声波衰减法在线实时监测黄河泥沙粒度和含沙量的技术参数。探索建立了在线湿法粒度分析级配(含沙量)成果与现行激光法(置换法)粒度(含沙量)测量成果的相关关系。研制了试验搅动循环装置和仪器入水耐水压密封装置,实现了仪器在实验室、野外现场和河流入水实时的测量应用。

该成果突破了只能在实验室分析泥沙粒度的传统作业模式,为实现河流泥沙连续、实时监测提供了技术支撑,是黄河水文泥沙粒度分析手段的又一次创新,填补了中国水利行业应用的空白。该成果2010年3月通过了水利部国际合作与科技司组织的科技成果鉴定,专家认为,该项成果总体上达到了国际先进水平,在超声波河流泥沙测验技术应用方面达到国际领先水平。

项目引进的在线粒度分析仪具有很好的稳定重复性和很高的灵敏度,能长时间可靠运转。但也存在结构形式、形体笨重入水测量较为不便等缺点,进一步改进后,具有很好的推广应用前景:

(1)可用在水库进出库位置安装该系统,能及时掌握进排出水库泥沙的级配和浓度情况,合理制订调度方案,达到"拦粗泄细"的目的。

(2)在放淤区进退水闸处安装该系统,能实时监测控制进出淤区泥沙的粗细和浓度,合理掌握放淤时机,及时检验放淤效果。

(3)在河道泥沙扰动断面安装该系统,在线连续监测河流中被扰动泥沙的粗细和浓度变化过程,以便及时、合理地调整扰动方案,最大可能地冲刷河道。

(4)动态监测河道重要控制断面的泥沙颗粒级配和浓度,可以为调水调沙方案的实时调整及时提供第一手测验依据,以达到最好的输沙效果。

(5)潼关高程、艾山断面特殊泥沙分布,花园口水文站宽浅河道断面泥沙淤积变化等问题,都与泥沙颗粒级配和浓度变化有直接关系,借助该系统对特殊断面进行动态监测,可以为深入系统的研究提供技术数据。

## 3.1.3 动态泥沙粒形粒度分析技术将为快速获取不同来源区泥沙粒度粒形提供技术手段

泥沙粒度分析成果是研究河道淤积、河床演变、泥沙来源和特性、水利工程的合理调度运用必不可少的基本数据。前期引进的激光粒度分析仪主要用于实验室分析。在线湿法粒度分析仪可以直接入水,在线、动态、连续监测泥沙粒度,及时获得分析数据,弥补了实验室仪器分析数据滞后的不足。然而,以往的各种分析方法得到的都是粒度特征概化后的群体统计数据,未能描述出泥沙颗粒及群体形状特征,可能会失去深入了解泥沙颗粒与水流作用的某些重要信息。

黄河流经青海、四川、甘肃、宁夏、内蒙古、山西、陕西、河南、山东9个省(区),全长5 464 km,不同区域的地形、地貌、地质结构不尽相同。经对各区域多年泥沙密度分析可以看出,由于不同区域的矿物组成不同,泥沙密度也不相同。事实上,河流泥沙颗粒具有复杂的外形,这不仅影响着泥沙的输移运动规律,也标示着其来源与组成。泥沙颗粒的不规则程度、不同来沙区泥沙颗粒形状的异同、不同形状泥沙颗粒的运动和沉降规律及其对水流运动的影响情况、在不同水流条件下泥沙颗粒的形状变化等,所有这些问题都是河流泥沙研究中人们长期以来非常关注和值得深入研究的课题。然而,目前河流泥沙在动态粒形粒度分析方面还是一个空白。

2010年,在水利部"948"计划的进一步资助下,在河流泥沙动态粒形粒度分析方面有可能取得又一个突破。该项目从德国引进 SYMPATEC 粒度粒形分析仪——QICPIC(Quick Picture)技术标准分析,QICPIC 是一台能对大量快速移动颗粒直接进行粒度粒形分析的快速图像分析仪。在 $1\mu m \sim 10\ mm$ 的范围内,动态、快速地分析得到泥沙粒度数据的同时,可以及时多维地观察和测量得到不同泥沙颗粒的大小和形状,通过引进和改造,多途径、多角度地分析泥沙颗粒特性,深入研究泥沙运动的基本规律,并将黄河泥沙测验技术系统化和集成化,为探索和解决世界闻名的多沙河流的泥沙问题提供有力的技术支撑。

该项目计划将于 2012 年完成引进、消化吸收和再创新任务。届时,该预期成果将填补动态泥沙颗粒图像分析技术在水利行业使用的空白,为探索和解决世界闻名的多沙河流的泥沙问题提供新的途径。泥沙粒形粒度分析成果将为研究黄河泥沙的来源和特性、河道淤积、河床演变等提供可靠的数据,为水库、闸坝等水利工程的合理调度利用提供重要的基本资料,为黄河的治理开发和水资源的可持续利用提供科学依据。

## 3.2　多泥沙河流水质自动监测及实验室自动化技术

黄河流域水资源短缺问题突出,随着社会经济的发展和人口的增加,人类对于水资源的干预和影响日益加剧,流域水污染以及生态恶化问题仍非常突出。据统计,2006年黄河干流Ⅰ~Ⅲ类水河长占总河长的58.3%,劣Ⅴ类水占3.1%,有41.7%干流河长尚未达到水功能区水质目标,部分区域饮水安全尚未得到保障。枯水季节突发性水污染事件时有发生,如2007~2010年黄河就连续在1月初发生伊洛河柴油水污染事件、西霞院透平油水污染事件和渭河油污染事件,给沿黄供水安全造成严重威胁。水利部近期提出的实施最为严格的水资源管理制度中,纳污红线的实施代表着最严格的纳污控制及水质管理制度开始实行。

20世纪80年代以来,黄河各主要水文断面实测径流量均大幅度减少,其中花园口断面减少了50%以上,与此同时,入黄废污水量却由20世纪80年代初的22亿t增加到21世纪初的42亿t。地表径流量减少与入黄废污水量增加的叠加结果使黄河水体质量急剧恶化。水污染加剧一方面使本已十分紧缺的黄河水资源利用价值严重下降,不仅影响到人类的生存和健康,同时对河流生态系统造成严重危害。

水质监测作为反映水质状况不可或缺的基本手段,以及水资源保护、开发和监督管理的重要技术支撑,其监测模式和技术水平直接影响了流域水行政管理部门水行政执法和有效地保护黄河水资源的能力。水质自动监测技术,是实现水质监测现代化的重要手段,是快速获取水质信息,实施省界河段水质管理,执行入河污染物总量控制方案,及时发现水污染事件的必备条件。

为了加快水质监测信息化和自动化步伐,先后在水利部"948"计划资助下,通过"水质自动监测站技术及设备引进(2000~2003年)"项目,解决了多泥沙河流、游荡性河段水质自动监测的关键技术难题,成功地在黄河花园口和潼关分别开发建成了我国首座多泥沙水质自动监测站和黄河首座省界断面水

质自动监测站。通过水利部推广计划"水质自动监测技术推广
与应用"、"水环境质量监测关键技术"项目的滚动资助促进了
成果的推广转化和应用。

### 3.2.1　多沙河流水质自动监测技术催生了三位一体现代化水质监测新模式

　　该项目针对黄河多泥沙特点,在引进技术和设备的基础上,
首创了适用于国家或行业技术标准的5级可调式水样前处理技
术和设备;研制了具有仿真界面的智能化自动控制系统;开发了
可吊式箱体和双体船浮台采样装置以及故障自动报警与故障原
因自动分析判断、手动进样、系统内泥沙自动冲洗、多参数测定
仪水下探头自动冲洗装置、自动除藻、断水断电自动保护等多项
自动监测技术与设备,提高了自动监测设备的可靠性,解决了多
泥沙河流、游荡性河段水质自动监测的关键技术问题与复杂来
水来沙条件下水质自动监测和实验室水样前处理可比性的技术
难题,填补了多泥沙河流和游荡性河道水质自动监测的空白。
在黄河花园口和潼关开发建成了2座适应多泥沙河流的水质自
动监测站。该成果拥有自主知识产权,已取得3项专利技术。
其中,核心技术多泥沙河流水质自动监测水样预处理系统已获
国家发明专利(专利号:031261817),可吊装框架式自动监测箱
体和多泥沙河流水质自动监测水样预处理装置获得国家实用新
型专利(专利号:032462905 和 032458517)。出版了《水质自动
监测站技术与应用指南》一书,编写了《黄河水质自动监测站建
设技术导则》一书。

　　经水利部国际合作与科技司组织鉴定:"该成果解决了多
泥沙河流水质自动监测的关键技术问题,研发的多种适用于多
泥沙河流水质自动监测的关键设备,填补了多泥沙河流和游荡
性河道水质自动监测的空白。成果达到同类研究的国际先进水

平,其中可调式水样前处理系统达到国际领先水平,具有很高的推广应用价值"。该成果获 2004 年黄委科技进步一等奖,获 2005 年大禹水利科学技术奖三等奖。

高新技术的引进和转化创新催生了黄河水资源保护监督管理工作模式和职能的转变。该项目成果与实验室监测和巡测相结合,形成了"常规监测与自动监测相结合、定点监测与机动巡测相结合、定时监测与实时监测相结合"的三位一体的现代化水质监测新模式。构建了一个技术先进、功能完备、反应迅速、覆盖全河的现代化监测体系,为黄河水资源保护监督管理、决策提供及时、准确、动态的水质信息和决策支持,在黄河水量统一调度、引黄济津安全供水、水源地水质安全监控、旱情紧急情况下黄河干流龙门以下河段入河污染物总量限排方案的实施、突发性水污染事故预警预报、入河污染物输移规律研究等多项工作中发挥了固定监测不可替代的作用,充分显示了现代化水质监测手段的优越性,取得了显著的社会效益和环境效益。同时,成果为编制"黄河重点省界河段水质自动监测系统项目建议书"和"简易水质自动监测站方案"提供了技术支持。在此项目消化吸收和示范带动作用下,黄委结合黄河水调项目二期和基建项目,规划在流域内省界断面和重要断面建设水质自动监测站 11 座,改建 2 座。

### 3.2.1.1　及时发现水污染,为水资源科学调度服务

由于水质信息具有很强的时效性,单一定时定点的水质监测往往仅能提供时过境迁的水质数据,造成水资源保护监督管理发现污染难,追查原因难,划清责任更难的被动局面。水质自动监测作为现代化信息采集的手段,突出的优点就是信息采集量大,时效性强。水质自动监测与定时定点的监测和机动巡测相结合,形成在线、固定和机动三位一体的现代化水质信息采集体系,为水资源保护管理现代化提供了有力的保障。

以第7次引黄济津为例,2002年10月底,位山闸开始向天津供水。花园口自动监测站实时有效地监视了水质的变化。12月14日花园口断面水质明显恶化,自动监测站及时发出警报。黄河流域水资源保护局立即派出调查组,对各排污支流和入河排污口进行拉网式排查,实现了对水污染抓得住、测得准、传得快的目标。

第7次引黄济津调水期间监督管理处会同流域监管中心,利用自动监测站等现代化的手段开展监督性监测,查清了污染的原因。在黄河来水严重偏枯的情况下,一些不法企业大量排污,使黄河干流龙门以下河段入河排污总量严重超出河流的承载能力。黄委及时向陕西、山西、河南、山东4省发出了通报,与地方政府各有关部门共同加大了监督管理和污染防治的力度,在一定程度上遏制了水污染,同时大量的水质信息为引黄济津科学调度提供了依据,在引水水质不能保证用水安全的情况下,黄河流域水资源保护局报请黄委和国家防总同意,及时中止了调水。由此可见,自动站在第7次引黄济津水质预警预报方面发挥了人工监测不可取代的作用。

### 3.2.1.2　在水污染快速反应中发挥哨兵作用

进入2003年4月以后,在旱情紧急情况下,黄河干流多次发生各类突发性水污染事件,面对水污染的严重形势,黄委颁发了《黄河重大水污染事件应急调查处理规定》,迅速建立和完善了水污染事件的快速反应机制,在处理2003年5月8日潼关河段重大水污染事件中,发挥了积极作用。

2003年5月8日下午4时,潼关水质自动监测站监测数据严重异常,自动站及时报警。黄河流域水资源保护局迅速启动了"重大水污染事件调查处理程序",潼关和花园口自动监测站全线进入应急状态,实时监测水质的变化。现场调查小组与移动监测车于当日星夜兼程直奔潼关。黄河流域水资源保护局当夜向国家防总和水利部水资源司发出水污染事件报告,并向河南、山东两省发出了"关于黄河潼关段水质严重恶化情况的通报"。各省对通报高度重视,积极采取相应措施,加大水污染防治的力度。黄河水质自动监测站在黄河重大水污染事件紧急调查处理快速反应机制中发挥了重要作用。

### 3.2.1.3　有效监督联合治污效果

2003 年上半年,由于黄河三门峡河段入河污染物明显超过水功能区限定的纳污总量,致使本来自净能力相对较弱的小浪底水库不堪重负,2003 年 6 月 4 日小浪底库区发现大量绿藻繁殖,库区水体呈富营养化,这在黄河干流尚属首次,直接威胁了下游供水的安全。2003 年 8 月国家环保总局污控司、水利部水资源司、建设部综合司、黄河流域水资源保护局等部门联合采取行动,2003 年 9 月 29 日水利部、国家环保总局共同发出《关于做好 2003～2004 年引黄济津应急调水期间水质安全工作的紧急通知》(环发〔2003〕157 号),制订了《2003～2004 年引黄济津期黄河水污染控制预案》(以下简称《控制预案》)。将《控制预案》印发有关省(区)和单位贯彻执行。花园口和潼关自动监测站为监督联合治污效果充分发挥了作用。

### 3.2.1.4　数据上网发布为政府和社会公众提供实时水质信息

2002 年 4 月花园口水质自动监测站建成并成功投入试运行,2002 年 6 月 5 日开始向社会公开发布水质信息,从黄河网可以看到当天最新的水质数据和历史资料,首次实现了监测数据网上发布,至今已发布黄河重点河段水质自动监测日报 1 000 多期,为水行政主管部门和社会公众提供了大量实时水质信息。

目前,自动站已接待国家、省、市、部委、流域机构、学术团体、兄弟单位参观人员 2 000 多人次,并举办了一期"水质自动监测技术及应急培训班",参加人员近 100 人,水质自动监测技术在全国水利行业水质自动监测站建设中得到了推广应用。

### 3.2.1.5 为重点调水工程、重点地区、黄河流域水质自动监测站建设提供技术指导

在"948"项目"水质自动监测站技术及设备引进"研发成果基础上,进一步广泛吸纳国内其他水质自动监测站开发、运行管理和应用的经验,在南水北调中线干线水质监测系统的初步设计中指导完成了 11 个水质自动监测站系统的设计;经该项目指导完成的南水北调中线干线京石段 4 个水质自动监测系统设计已通过国家发展和改革委员会批复,其中惠南庄自动站已建成;南水北调中线干线京石段以外的 7 个水质自动监测系统的设计已通过水利部水规总院审查和信息中心的概算评审。指导了上海吴淞口水质自动站改造,提出上海重点河段自动监测站建设方案;在黄河水量调度系统可行性研究中指导提出了 6 个水质自动站系统的建设方案,在黄河省界断面水资源质量自动监测站建设可行性研究中提出了 5 个自动站的建设方案、2 个自动站的改造方案。其中,"黄河水量调度系统可行性研究报告"通过水利部水规总院的审查、中国国际咨询公司的评估复审,"黄河省界断面水资源质量自动监测站建设可行性研究报告"已通过水利部水规总院审查。

## 3.2.2 水质监测实验室自动化技术

水质监测是水资源保护的哨兵,准确、可靠的监测数据是水资源保护依法行使职权的基础。水质监测实验室测试是水质信息采集的重要组成部分,实验室测试条件的优劣和技术水平的先进程度,直接影响着水质信息采集的速度和质量。

为了提高水质实验室的技术和管理水平,确保水质监测数据的准确性、时效性和权威性,为水资源的管理和保护提供可靠的技术支持。2002 年,在"948"计划"水质监测实验室改造关键技术引进"项目的支持下,为黄河流域水环境监测中心实验室

引进了国外先进的实验室自动化测试和信息管理软件 Nautilus LIMS 和自动测试技术与仪器流动分析仪 SANPLUS - B,对水质监测实验室进行自动化改造。项目在引进国外先进实验室信息管理系统软件和检测设备的基础上,结合黄河水质监测实验室运行管理以及黄河水体特点,通过自主研发,在 Nautilas LIMS 软件客户化过程中,完成了 WinLIMS 系统客户化与检测设备的应用,建立了基于网络平台的实验室管理模式。系统实现了汉化。开发了容器管理、样品审核、自定义报表等模块,实现了四级质量管理和密码平行样、回收率等质控措施软件功能,提高了监测信息的时效和质量;研发了实验室分析仪器与 LIMS 系统相连接的接口装置以及相应的数据采集、传输、存储软件,解决了 Nautilus LIMS 系统对多种分析仪器测试数据获取的难题;该项目在引进国外先进仪器 SKALAR 流动分析仪的基础上,结合黄河水体多泥沙的特点,解决了样品前处理的问题,提出了硝酸盐氮、氨氮等 6 个相关分析项目的最佳测试条件与方法,填补了流动分析仪在多泥沙河流中应用的空白。

通过针对性引进国外发达国家先进水质实验室技术装备,快速提升了黄河流域中心实验室的自动化建设速度与运行管理水平,优化和完善了流域水质监测系统,实现了黄河水质监控优化升级及快速、及时、有效和准确的建设目标。按照国家质量监督检验检疫总局"导则 25"的技术要求,率先实现了水质监测与管理的国际接轨,基本满足了流域统一管理和监测成果被国际认可的要求。该成果已在黄河水量调度、引黄济淀、黄河水质常规监测以及水污染事件的应急处理中得到广泛应用,社会、经济效益显著。该成果被列入"黄河流域水资源保护'十五'规划",为编制黄委其他 6 个水质监测实验室自动化改造与建设规划提供了技术支持。

### 3.2.3 黑河水量、水质实时监测系统

为提高黑河水文测量和水质监测的现代化水平,为黑河水资源统一管理和调度提供及时、准确的科学依据,依托水利部"948"计划"黑河水量、水质实时监测系统引进(2003～2006年)"项目,引进了国外先进的水量水质实时监测系统,通过在不同环境及操作模式条件下,对引进水量、水质测量设备的适用性和一致性比测试验以及比测数据相关分析,得出仪器设备的工作参数和操作规程;水质仪器对其测定项目除进行准确度和精密度试验外,还进行了回收率和实际水样测试,以确认设备和方法的可靠性及适用性。

最终将这些自动化测量设备集成到移动实验室,对关键把口站、引水渠的水量、水质实施实时巡测,以弥补水量水质监测的不足。通过此项目的实施建立和完善水资源监测信息网络,为黑河水资源统一管理和调度提供科学依据,同时为实施黑河干流水量、水质统一调度创造有利条件,最终实现全流域水资源优化配置。主要创新有以下几点:

(1)实现了水质水量的同步监测。本项目通过引进先进的移动实验室,集成多台分析仪器设备于一体,可同时完成对水质和水量的监测。保证了监测数据成果的可靠性和实用性。例如:声学多普勒流速剖面仪(ADCP)、声学多普勒流速仪(Flowtraker)、雷达测速枪(SVR)以及 HACH COD 测定仪(包括反应器)、YSI556 多参数测定仪、HACH DREL/2400 多参数水质测试包、BOD 培养箱等。通过一段时间的比测与试运行,取得了大量可靠的野外水质监测数据。

(2)创建了移动监测的设备配置模式和作业模式。通过使用 SVR 和 ADCP 实现了移动测量。克服了驻守观测的传统水文测验模式的缺点,优化了配置,高流速条件下使用 SVR,低流

速时使用 ADCP,浅水时使用 Flowtraker - ADV,创造了水量水质监测机动性的移动监测技术配置模式和工作模式。

(3)实现了对渠道流量的在线式连续自动监测。通过 SL、XR 在龙电渠断面的率定、验证和试应用,可对该固定断面流量进行定时、自动监测和自动存储,实现了无人化、全自动监测。

(4)实现了对分水口临时断面的快速、准确、移动监测。通过本项目引进的 ADCP,开展了与常规流量测验方法的对比试验,证明其流量测量精度高,不需要设置断面线,从河道的一侧移动到另一侧即可完成流量测验,可完成对渠道、河道流量的快速、移动式监测。

(5)实现了对水面流速的快速监测,取代了使用浮标测量水面流速的方法,为非接触式、快速测量流速、流量提供了一种崭新的测量方式和高科技手段。

(6)实现了渠道固定断面和分水口流量监测的数字化采集,为流域水量水质信息数字化管理和远程控制提供了前台基础。

## 3.3  水土流失监测、侵蚀预报和治理技术

水土保持领域引进的先进技术主要包括黄土高原严重水土流失区生态农业动态监测系统技术引进、黄土高原土壤侵蚀预测预报技术的 GIS 系统、水土保持优良植物引进等。

### 3.3.1  黄土高原严重水土流失区生态农业动态监测技术

黄土高原是世界上面积最大的水土流失区,土质疏松,坡陡沟深,植被稀疏,暴雨集中,水土流失面积约占其总面积的70%,其中年侵蚀模数大于 8 000 t/km$^2$ 的极强度水蚀面积为

8.5万 $km^2$,占全国同类面积的64%;年侵蚀模数大于15 000 $t/km^2$的剧烈水蚀面积为3.67万 $km^2$,占全国同类面积的89%。多年平均输入黄河的泥沙达16亿t。黄河中游多沙粗沙区面积7.86万 $km^2$,自然条件恶劣,生态环境脆弱,其年产沙量占黄河年输沙量的65.2%,尤其是黄河下游河道多年平均淤积的4亿t泥沙中,有近一半为粒径≥0.05 mm的粗泥沙,其中73%的粗泥沙来源于多沙粗沙区。多沙粗沙区是黄河流域国土整治和水土保持的重点区域,又是我国重要的能源重化工基地。该区域的经济发展,在我国西部大开发战略的实施中,具有十分重要的作用。

在国外利用航天、航空遥感技术及计算机技术进行水土资源及生态农业系统普查、动态监测、区划、规划和管理已十分普及,我国在这方面的技术比较滞后,在21世纪初还没有形成完整的技术应用体系和技术服务体系,特别是航测设备、应用软件等难以满足国内要求。

针对黄土高原水土流失严重的现状,为及时掌握黄河流域水土流失、土壤侵蚀、土地利用及生态环境变化等动态监测信息,为黄河治理开发与管理提供决策服务,为流域经济社会发展提供支持,引进了国际先进的遥感(RS)、地理信息系统(GIS)及全球定位系统(GPS)技术和设备,综合集成3S、地面监测、模型计算等技术,开展技术创新与应用研究,成功构建了黄土高原严重水土流失区生态环境动态监测系统平台,实现了水土流失监测技术质的飞跃。

(1)项目动态监测研究试验区选择了黄土高原严重水土流失区的清水川、孤山川、窟野河、秃尾河4条河流域的约1.4万 $km^2$的区域,该区域位于多沙粗沙区北部,是多沙粗沙区水土流失极为严重、生态特别脆弱的地区,其面积占黄河流域面积不到2.0%,而输沙量占黄河输沙量的10.0%以上,且其中1/2是造成下游河道淤积的粗泥沙,是治理的"重中之重"。应用卫星遥感、航空摄影测量和 GPS 技术,开展了不同尺度土壤侵蚀、水土保持生态农业措施及开发建设项目的动态监测;开发了不同尺度的三维地理信息系统和立体浏览系统;研制开发了黄河流域一级支流水土保持动态监测地理信息系统,建立典型流域水土保持监测 GPS 控制网;开展了黄土丘陵区土壤侵蚀评价模型研究。建成了"黄土高原严重水土流失区生态环境动态监测系统",该系统也是"数字黄河"工程的重要组成部分。

(2)为了有效推动该项目的实施,加快成果的消化、吸收和应用,黄委通过委级科研专项和生产项目为该项目配套资金约 2 000 万元,大力支持项目后续研究和示范推广。作为该项目的示范、推广和应用,利用该项目建立的技术平台完成了黄河流域 79.5 万 km² 的第二次水土保持遥感普查。"948"计划动态监测及黄河流域水土保持遥感普查两个项目互相依托、相互补充,"948"计划动态监测为遥感普查提供了技术手段、设备和人才资源,遥感普查是"948"计划动态监测的延伸扩展和具体应用推广。两个项目的有机结合,不仅探索了开展水土保持生态环境监测的一套方法,而且取得了数据总量超过 1 000 GB 的高精度的黄河流域水土保持图像库、图形库、属性库、数据库等本底数据,首次系统地完成了黄河流域水土保持生态环境动态监测的本底数据库,为今后的水土保持生态环境动态监测打下了良好的基础。

(3)在项目实施和开展黄河流域水土保持遥感普查过程中,取得了一批科技含量很高的应用性技术成果,比较真实地反映了黄河全流域土壤侵蚀及生态环境状况,培养了一批新型复合型科技实用人才,他们不仅谙熟黄土高原水土流失规律,而又能熟练掌握卫星遥感、航空摄影测量和 GPS 等相关技术。2001年 3 月,在项目组的基础上,成立了黄河水土保持生态环境监测中心,形成了一支稳定的具有专门人才的专业队伍,建成了一个完整的水土流失监测体系,为水土保持生态环境监测、水土保持规划、管理和工程建设等工作提供了强有力的支撑。2003年该成果通过了水利部国际合作与科技司组织鉴定,项目成果获得了黄委科技进步一等奖和陕西省科学技术一等奖。

近年来,依托该项成果构建的水土保持监测技术得到了大力的推广应用,在黄河治理开发中发挥着巨大的技术支撑作用,先后完成了黄河重点支流黄甫川流域水土保持动态监测、黄土高原12条小流域示范坝系水土保持监测、黄土高原水土保持世界银行贷款项目监测、国家级重点防治区水土保持动态监测、黄河源区土壤侵蚀遥感监测等关键监测项目,为黄河流域水土保持监测、监督与管理提供了强有力的技术支撑,产生了巨大的社会环境效益。其中,2005年9月实施黄河重点支流黄甫川流域水土保持动态监测是全国首次使用数码航摄技术开展水土保持监测。2006年,通过开展小流域示范坝系水土保持监测,开发了小流域坝系监测信息查询系统。通过开展黄河源区土壤侵蚀遥感监测,建立了黄河源区土壤侵蚀和土地利用动态监测数据库,为今后开展源区生态修复和保护等工作奠定了基础。

### 3.3.2　黄土高原土壤侵蚀预测预报技术的 GIS 系统

黄河流域土壤侵蚀不仅造成当地土地贫瘠化乃至整个生态环境的恶化,而且还导致其下游河床不断淤积抬高,湖泊淤积面积减少,水库库容减少,调节功能减弱,加剧洪水威胁。对黄河流域土壤侵蚀进行科学的预测预报可以为下游河道整治减淤、干支流水利工程建设规划和设计工作提供科学依据,而且通过对土壤侵蚀影响因素的分析,特别是基于地理信息系统(GIS)的、能够反映流域下垫面空间差异的土壤侵蚀及水沙过程模拟,可以进一步揭示土壤侵蚀发生发展规律,为黄河中游水土保持规划等工作提供科学依据。

对黄河中游地区的水土流失规律及其预测、预报、治理措施等方面曾开展了大量的研究工作,并取得了一批有价值的研究成果。但是,由于该地区的自然环境和社会环境极为复杂,以及流域系统对外部激励的响应具有高度灵敏性,土壤侵蚀与产沙的类型多,而且空间差异大等因素,使得流域治理规划建设中仍然缺乏一种有效的、适用于黄土高原地区的土壤侵蚀预测预报模型。国外模型框架的控制方程及其率定的参数,基本上都是在缓坡侵蚀产沙观测资料的背景下获取的,而在黄河中游地区坡陡沟深,土壤侵蚀极为严重且侵蚀产沙规律更为复杂,加上土地利用方式与国外的也不尽相同,因此这些具有实质性差异的地理环境因子和人类干扰因子的边界条件,使国外的侵蚀产沙模型很难在黄河中游地区得到直接应用,国外模型中的一些参数更不能照搬。

为了建立便于管理和操作的黄土高原土壤侵蚀预测预报系统,为治黄工作提供决策支持。2002 年,通过"948"计划项目"黄土高原土壤侵蚀预测预报技术的 GIS 系统",引进了国外先进的 GIS 空间分析与流域模拟技术以及成熟的软件,选择地处黄土高原黄土丘陵第一副区的岔巴沟流域和杏子河流域作为模型构建和计算机模拟的试验流域,利用遥感技术与 GIS 技术相结合,自动提取地形因子、地质因子、植被土壤因子及水土保持措施等下垫面因子,建立土壤侵蚀环境因子数据库。然后,将土壤侵蚀模型与 GIS 的紧密结合,实现数据双向存取。选择不同年度或者不同降雨过程进行计算机模拟,并将模拟结果与流域水文观测数据对比验证。最后在引进的 GIS 软件平台上,实现土壤侵蚀与产沙过程模拟结果的可视化和场景再现等功能的二次开发。

该成果已为水利部科技创新项目"黄河多沙粗沙区分布式

土壤流失评价预测模型研究"和"黄河水土保持生态工程建设3S动态监测管理技术研究——伊洛河流域郑州市(巩义)项目区3S动态监测"等项目提供了科研条件和技术支撑服务。

### 3.3.3　水土保持优良植物引进

为进一步改善黄土高原地区物种资源匮乏的现状,优选出了适宜黄土高原土壤气候条件,兼具社会效益、经济效益和生态效益的优良植物。1997年,"948"计划中"水土保持优良植物引进"项目通过引进乔、灌、草种籽和苗木、接穗等方式共从美国引进了15种植物。经过对引进植物的适应性、生态经济价值及栽培技术等多方面的系统研究,筛选出了在黄土高原地区表现优良、效益突出的多年生香豌豆、牧场草、黄兰沙梗草、康巴早熟禾等4种草本植物。在甘肃西峰、镇原、天水、兰州,陕西绥德、杨凌、西安,山西离石,宁夏隆德、西吉,青海大通,内蒙古呼和浩特,河南郑州,江西南昌,浙江临安等不同类型区建成高标准的中试及试验示范区共计1 020亩,经济效益、社会效益和生态效益显著。按示范面积估算,每年可增加净收入15万元,有效减少项目区水土流失量约1 632 t。

2001年11月,水利部国际合作与科技司对该项成果进行了鉴定。鉴定委员会认为,该成果采用科学的种籽处理和苗木抗逆性栽培方法,很好地解决了引种植物在新环境中的环境协迫及适应性问题,总结出了一套系统的抗逆性引种栽培技术,填补了国内空白;引种成功的4种植物,丰富了黄土高原地区物种资源,而且具有产草量大、营养价值高、抗逆性好等优点;根据黄土高原地区生产和生态建设的需要,建立的多年生香豌豆+作物(果树、林木)、牧场草、天然草场改良等5种模式在黄土高原地区起到了很好的示范作用。成果总体达到国内领先水平。

成果验收鉴定后,项目组依托水利部科技推广计划的滚动支持,继续开展推广示范工作,截至目前,在黄土高塬沟壑区的甘肃西峰、镇原,黄土丘陵沟壑区的甘肃天水、陕西绥德、山西离石,冲积平原区的陕西西安等地推广新品种牧草多年生香豌豆、牧场草、黄兰沙梗草、康巴早熟禾等 253.3 $hm^2$(3 800 亩),栽植林木美国白蜡、刺毛槐、黑核桃等 133.3 $hm^2$(2 000 亩)。

通过造林种草,促进了土地利用结构和农业产业结构的调整,使退耕还林工作做到"退得下,还得上,稳得住,不反弹",增加了植被覆盖度,改善生态环境,减少入黄泥沙和沙尘暴的侵害,确保黄河河床不抬高。通过造林种草,发展了畜牧业,改善了农村生产、生活条件,发展了区域经济,促进山区农民脱贫治富,产生了良好的社会效益、生态效益和经济效益。

## 3.4 防洪减灾先进技术

防洪减灾领域引进的先进技术和设备主要包括坝岸工程水下根石探测技术、堤防除险加固设备及技术、堤防渗漏与形变和边坡的监测、数字防汛移动宽带综合业务平台等。

### 3.4.1 坝岸工程水下根石探测技术

黄河下游现有堤防 1 400 km,险工、控导工程 317 处,坝、垛、护岸约 10 000 道,常年靠水的有 3 000 多道,而且控导工程数量仍在不断增加。这些工程常因洪水冲刷造成根石大量走失而导致发生墩、蛰和坝体坍塌等险情,严重时将造成垮坝,直接威胁堤防的安全。为了保证坝垛安全,必须及时了解根石分布情况,以便做好抢护准备,防止垮坝等严重险情的发生。因此,根石探测是防汛抢险、确保防洪安全的最重要工作之一。

长期以来,根石探测技术一直是困扰黄河下游防洪安全的重大难题之一,解决根石探测技术问题,及时掌握根石的分布情况,对减少河道整治工程出险、保证防洪安全和沿黄农业丰收至关重要。原来根石状况完全靠人工探摸,人工探摸范围小、速度慢、难度大,探摸人员水上作业时还有一定的危险性,难以满足防洪保安全的要求。根石探测技术始终是黄河防洪中急需解决的关键技术难题。从20世纪80年代开始进行黄河下游根石探测技术研究以来,在"八五"攻关"堤防工程新技术研究(85 - 926 - 01 - 04)"中,虽然经过大量试验研究,但未能解决这一难题。

为了解决这一重大难题,1996年起开始了长达10多年的引进、开发、试验、再创新的过程。该项目从美国引进了"X - STAR全谱扫频式数字水下剖面仪",并针对引进系统存在的拖鱼尺寸大而笨重、搬运不便,仪器自身无法水平定位,后处理软件使用不便、精度差等不足,积极开展自主创新,相继开发研制了X - STAR水下剖面仪专用载体、X - STAR水下剖面仪与Trimble GPS之间厘米级平面定位数据处理软件、基于微机/Windows环境下的X - STAR水下剖面仪数据处理解释系统软件(MiniSeis系统)等成果,解决了"水下根石顶界面三维立体图绘制"和"水下根石剖面图的截取"等问题,大大提高了X - STAR水下剖面仪的使用效率和精度。1997～2000年,在黄河河南河段分别进行了仪器性能检测现场试验、对比,8次128坝次的野外现场探测试验结果分析表明,该仪器对探测水下18 m以内的根石分布情况十分有效。经过配套完善和二次开发,基本解决了长期以来一直未能解决的黄河下游高含沙洪水条件下穿透淤泥层的根石探测问题。

2006年,针对在推广应用中暴露的数据处理软件无法满足信号处理的要求,以及计算机技术和GPS定位技术的发展等,黄委又组织黄河水利科学研究院、黄河物探研究院等单位通过申请"948"计划技术创新与转化项目"坝岸工程水下基础探测技术创新"的资助和配套资金的支持,对 1996 年引进的 X - STAR 浅地层剖面仪进行了升级换代改造。购置了新的国产 GPS 实时差分仪,重新改造加工了新的水上载体。升级换代后的 3200 - XS 浅地层剖面仪用 Windows 2000 操作系统替代了 Unix 操作系统,用大容量硬盘和光盘刻录机取代了磁带机,不再使用热敏打印机,并对主机进行了小型化改造,设备体积、质量均减少近 1/2,保留了 GPS 数据接收端口。该仪器设备与当今的计算机技术和 GPS 仪器具有良好的数据接口,满足了黄河根石探测的需要。

2008 年 3 ~4 月,利用 3200 - XS 浅地层剖面仪在惠金和长垣两个河务局开展了汛前水下根石探测,探测坝、垛、护岸 112 道,探测断面 217 个,已探测到的最大根石深度(根石台以下)达 20.47 m,水面最大距离近 30 m。同时进行了仪器与人工探测的对比,通过探测对比和现场条件分析,找到了探测误差产生的原因,并进一步确认了仪器探测的有效性和准确性。

为了更好地服务于防洪工程管理,项目还自主开发编制了具有网络功能的"黄河河道整治工程根石探测管理系统",运用计算机网络、网络数据库,建立工程信息与根石探测数据的对应关系,实现河道整治工程坝垛基本情况及根石的动态管理与监控。可以实现根石探测信息资源的网络共享,提高各级管理部门的科学化管理水平和工作效率。该管理系统具有基层水管单位可实时在网络上存储根石探测成果数据、上级主管部门实时查阅的功能,便于管理者及时地了解根石变化与分布状况,为适时进行加固、组织工程抢险提供决策依据。这将为管理部门全面快捷地掌握根石分布状况,实现根石管理现代化提供良好的信息平台。

经过不断地消化、吸收和再创新,黄委已经形成了一套河道整治工程根石探测新技术,成功地将海洋调查专用设备——大功率非接触式 3200－XS 浅地层剖面仪应用于黄河小尺度水下根石精细化探测,采用浅地层剖面仪 + GPS 定位仪 + 小型机动船的组合方式,进行根石探测,准确地探测水下根石的坡度与分布状况。在黄河下游 213 道坝、360 个剖面的根石探测中应用表明:浑水探测深度大于 20 m,沉积泥沙穿透厚度大于 10 m,纵向误差小于 20 cm,测点密度达到分米级。实测最大含沙量达 278 kg/m³。探测速度远远大于人工锥探速度。各项数据指标完全满足黄河下游河道整治工程根石探测工作的需求。

2009 年 1 月 9 日,水利部国际合作与科技司组织专家对该成果进行了科技成果鉴定,鉴定委员会一致认为研究成果总体达到国际先进水平,其中在小尺度精细化根石探测等关键技术的综合集成方面达到国际领先水平。该成果获 2009 年黄委科技进步一等奖和 2010 年大禹水利科学技术奖二等奖。

## 3.4.2　堤防除险加固设备及技术

根石探测的问题解决后,那么,如何克服传统的根石加固方法存在的抛石不到位、效率低、效果差等不足,及时将根石快速、准确地抛投到水平距离至少在 9 m 的抛石区,满足防御洪水的需要,也是需要攻克的技术难题。2000 年通过“948”计划“引进 XL5100(6X4)型堤防除险加固设备及技术”项目引进了美国格瑞道公司的 XL5100(6X4)堤防除险加固设备及施工技术。

项目承担单位河南黄河河务局进行了多次现场试验,并结合黄河抢险加固物料特点对原装固定夹具进行了技术改造,改善了设备性能,保持了抛投物的完整性。该设备最大提升力 6 051 kg,最大抛投半径 15.3 m,抛投质量达 780 kg,易于准确到位。解决了原有抢险抛石距离短、质量小、抛投不到位等问题;设备的应用有效促进了大块石、四脚锥体、化纤网笼、铅丝笼等较大体积的抢险物料的推广应用,减少了根石走失量,保证了加固质量;设备在工程抢险中,移动灵活、操作方便、抛投速度快,可有效提高抢险效率,该项技术在黄河防洪抢险中作用显著,特别是在2003年的黄河秋汛抢险中发挥了重要作用。同时,设备本身具有多项功能,在土方施工、堤坝修建、河道清淤中也有着独特的作用。自2003年以来,该设备曾先后在郑州开发区、熊耳河治理、山西河津堤防施工、郑州邙金堤防边坡修整等工程中作业,较好地完成了土方挖掘、河道清淤、边坡修整等任务,社会、经济效益显著。

## 3.4.3　数字防汛移动宽带综合业务平台

近年来,河南黄河河务局防汛部门根据防汛需求运用远程自动遥测技术、3S技术、通信网络等技术建设起了黄河下游工情险情会商系统、黄河下游涵闸监控系统、数字工管通系统、数字水调系统、黄河坝岸监测等多个黄河防汛应用系统,建立了从信息采集、传输、处理到会商的防汛决策系统,实现了防汛数字化。但黄河现有通信体系在建设时期由于受同期技术发展的制约,通信系统的传输容量不能有效满足工情险情、涵闸监控及沿黄堤坝信息采集点的语音和图像信息接入,堤防工情险情采集点、工程安全监测点等一线基层单位无法接入河南黄河河务局通信网络及计算机网络,使防汛业务信息不能实现与沿黄县、市(区)的网络互联和信息交换。

黄河在河南境内流经8个地市,河道总长711 km,河槽淤积高,临背河悬差3～7 m。黄河河道具有宽、浅、散、乱,河势游荡多变,洪水突发性强,预报期短等特点。河南黄河治理形势严峻,由于黄河防汛具有的特殊性和突发性,防汛抢险信息是影响防汛决策的重要因素,由于防汛抢险第一线地处偏远乡村,是黄河通信网络通信盲区,成为水利信息化发展过程中的瓶颈。依靠地方公众网仅能解决通话问题,且费用高,通话质量得不到保障。在黄河滩区甚至公网也是盲区,只能依靠无线对讲机解决通话问题。图像信息传输根本无从谈起。当黄河坝岸出现险情时,防汛抢险现场的通信及信息流会比平时信息量大几十倍,局部地区会发生严重的信息阻塞,严重影响着抢险的指挥和调度工作。因此,依照常规通信方式已无法应付突发事件现场和抢险现场通信的畅通,必须有一个能应付突发性事件的应急通信系统来保证抢险现场信息通畅。将现场实时防汛信息传送至河南黄河河务局会商中心给上级领导提供决策支持。

针对河南黄河河务局通信传输系统末梢的薄弱环节,河南黄河河务局信息中心于 2007 年通过“948”计划,从美国 Red Sunlight America 公司引进了国际先进 Wimax 城域网关键技术,该技术属于第四代移动通信技术,它是目前国际上最先进的无线非视距双向点对多点传输系统,它采用多载波编码正交频分复用(MC C - OFDM)物理层调制技术,点对多点接入方式,在广域范围内实现非视距无线覆盖。

系统由移动采集传输系统和移动信息采集系统两部分组成。移动采集传输系统主要由宽带无线接入基站、移动终端(车载和单兵)和移动车载供电系统三部分组成。移动信息采集系统主要由 1.2 G 无线音视频采集传输系统、视频处理和发布系统、车载 VOIP 语音系统系统三部分组成。

无线基站支持同时 8 路视频传输、48 路语音传输。车载支持 2 路视频传输、2 路语音传输。单兵支持 1 路视频传输、1 路语音传输。该系统具有丰富的接口,可以与互联网及软交换平台相连。能提供多种远端站形式,可提供固定、便携、车载、单兵等不同接入模式。

系统采用强大用户数据安全认证技术(可提供基于 IP、MAC、DHCP 及组合方式的无线设备接入认证)和空中加密(DES/AES)。本系统对于所有需要与远端站传输的数据都具有保密认证功能,需要对所有通过远端站的用户数据在控制服务器上进行预先注册,采用 PC 认证模式采用固定 IP 和 MAC 绑定认证方式,非法用户数据则不能进行传输。有效地保证了黄河水情、工情传输的安全性和保密性。在紧急情况下,可以临时增加 DHCP 认证方式,数量限制在 10 台。这种认证方法,在黄河防汛实际应用中,具有很好的方便性,在抢险现场任何一台笔记本不需预先注册认证,就可以方便地连接到黄河通信专网和互联网上,增加了系统的机动灵活性。

该技术还具有自动识别信号强弱的功能,能靠信号的强弱自动进行漫游。该功能在项目实施中发现,由于中牟黄河河务局和邙金黄河河务局分别隶属于两个县局,所用的 IP 段不同,车载和单兵在实际使用中,在哪个县局的辖段内就要改到哪个县局的 IP 地址段,不能真正实现跨局自动漫游。为此,承担单位将中牟黄河河务局和邙金黄河河务局之间的基站连接由原来的网络连接改为用光纤电路直连,将两个基站的 IP 地址段统一到一个地址段内,实现了 IP 地址的唯一性,解决了两个基站间不能自动漫游的问题。

在项目实施中发现多台 PC 机同时查看图像时会出现图像卡甚至阻塞无线链路的情况,因为每个 PC 机查看图像时都通过无线链路与服务器建立连接,每个 PC 机请求观看时都要占用一定的带宽,多台观看时会将无线通道阻塞。针对这个问题,项目组将共用服务器改为专用图像转发服务器。当无线网络开通后,每个外围站只需上传一路图像信号给中心站图像服务器,在基站侧或黄河专网内任一台 PC 可通过对图像服务器请求转发,登录到图像转发服务器上实时查看远端图像,不再占用无线网络带宽,较好地解决了多台 PC 机同时查看图像卡的问题。

本项目将系统内 VOIP 网关与河南黄河河务局信息中心的软交换平台对接,把系统内 VOIP 用户在 IP - PBX 交换机进行注册,并分配黄河专网的电话号码,实现与黄河专网内电话等位互拨,具有黄河交换网内电话用户的一切功能,实现了黄河交换网的延伸。

2009 年 12 月,水利部国际合作与科技司组织专家对该成果进行了科技成果鉴定,鉴定委员会一致认为研究成果达到国际先进水平,填补了国内技术空白。该项目通过引进的国际先进 Wimax 城域网技术和设备,建立了试验基站,配备了移动终端设备、单兵设备,构建了数字防汛移动宽带综合业务平台系统,解决了复杂情况下运动中语音、数据、多媒体信息采集和高速传输难题。该成果获得 2009 年黄委创新成果二等奖,河南黄河河务局创新成果特等奖。

自系统建成投入使用以来,先后完成了多次重要的语音及图像信息转播任务,在河南黄河防汛抢险中起到了重要作用。

2008 年 6 月 22 日在调水调沙期间,利用本系统在赵口险工 12 坝将调水调沙现场的各类信息,实时图像传送至黄委防洪厅及河南黄河河务局防洪厅,清晰的图像为黄委及河南黄河河务局领导及时、准确地了解现场情况提供了重要依据,为远程指挥决策提供了科学依据。

## 3.5　水利工程建设与管理

### 3.5.1　南水北调西线工程测量、物探、勘探和信息技术

南水北调西线第一期工程(达曲—贾曲联合自流引水方案)是从雅砻江支流达曲、泥曲和大渡河支流杜柯河、玛柯河和阿柯河筑坝引水,在黄河支流贾曲处入黄河,年调水量 40 亿 m³。工程主要由 5 条调水河流的 5 座引水枢纽:阿安、仁达、上

杜柯、亚尔堂和克柯枢纽,规划坝高 63~123 m;一条串联 5 条调水河流的输水线路,全长 260.3 km,隧洞长 244.1 km,明渠16.2 km。隧洞埋深 400~600 m,最大埋深 1 100 m,隧洞占输水线路全长的 93.8%,工程区涉及面广、地质条件复杂。因此,在较短时间内完成引水线路及坝址区地形测绘工作,查明输水线路上的断层构造及断层的赋水性是前期地质勘测的重点工作。

南水北调西线工程的特点是海拔高、隧洞长、埋深大、断层构造发育、交通不便、高寒缺氧、有效工作时间较短。采用常规的地质勘探手段受交通条件的影响,很多地方钻机不能到达,为了打一个钻孔常常需要修路建桥,加大了勘探工作的成本,同时不利于环境保护,在历次西线地质勘察咨询会上,都有专家呼吁要充分发挥物探在西线地质勘察工作中的作用。因此,引进加拿大凤凰地球物理勘探公司生产的可控源音频大地电磁仪(V6A),通过频率测深和瞬变电磁测量,可以探测埋深达 2 000 m 的断层构造问题,尤其可有效探测 600~1 000 m 埋深的断层构造;通过激发极化和频谱测量测定地下岩层及断层带的含水量,并通过综合分析,推断洞身地质情况,为隧洞围岩分类提供基础地质资料。引进瑞士徕卡公司生产的 TCA2003 智能型全站仪,实现内外业一体化,加快测绘生产进度,提高测绘成果质量,为实现"数字西线"提供基础地理信息资料。

成果于 2005 年 6 月通过了水利部"948"计划项目管理办公室组织的验收。成果在设备引进、消化、吸收的基础上,结合南水北调西线工程总体部署,测量工作完成 1∶2 000 地形图测绘 108 km²、1∶1万地形图测绘 130 km²、1∶2 000 地形图控制网40 km²,成果优良品率达到 95% 以上;深层物探利用可控源音频大地电磁法(CSAMT)、频谱激发极化法(SIP)、瞬变电磁法(TEM)在杜柯河—玛柯河引水线路进口,总计完成 10 km 的探测工作,基本查明了引水线路上的地层岩性、断层构造及富水情况,并通过综合分析,推断出了洞身地质情况,为隧洞围岩分类提供了较好的物探成果。较好地解决了地形测绘工作效率低,深部断层构造、赋水性勘探工作难度大等特殊地质问题,提高了地质勘测成果的质量,加快了地质勘探、地形测绘工作的进度,为加快南水北调西线工程的进度具有显著作用。

## 3.5.2　水利工程地下岩体综合信息采集关键技术

在水利工程前期地质勘察工作中,获取详细的地下岩体综合信息是地质勘察的重要工作内容之一,钻孔勘探是获取详细地质资料的重要技术手段,是地质勘察的主要方法之一。由于水利工程的特殊性,其选址多在高山峡谷地带,而此类地区通常地质情况较复杂,需要进行详细的地质勘探调查才能了解工程区地质状况和地质异常的发育状态。通过获取详细的地下岩体综合信息即可详细了解工程地质状况和地质构造发育情况。

目前,水利工程地下岩体综合信息的获取主要依靠地质推断、钻孔取芯和原位采样后实验室测试。由于试样采集和运输过程中的扰动,实验室测试取得的数据资料与现场原位测试数据资料相比仍存在较大误差,离散性大,有时甚至无法使用。因此,只有钻孔原位测试取得的地下岩体综合信息才是真正获取第一手资料。另外,地质工程师主要是依靠钻孔了解地下岩体与构造的信息,然而这种认识又受钻孔取芯率的影响,尤其是在岩石完整性差、取芯率低的地区,信息缺失较多。

2008 年通过"948"计划"水利工程地下岩体综合信息采集关键技术"引进的国际先进技术设备,较好地解决了黄河古贤水利枢纽工程、河口村水利枢纽工程、西南水电开发、南水北调西线工程等项目前期勘察工作中遇到的坝址区基岩泥化夹层识别、水文地质参数和超声数字钻孔图像不能获得、力学参数获取较少以及目标区域内岩体或钻孔的平面图、剖面图、叠加剖面和3D可视化图等无法获取的难题。

例如,使用超声井下全孔壁成像探头配合国产光学井下全孔壁成像探头,可以很好地解决坝址区基岩泥化夹层识别和裂隙发育状况及走向的问题,而且与孔内水的清澈与否无关,特别适用于黄河流域水利工程;使用其他测试探头的组合,可以精确定量采集地下岩体综合信息,在三维空间里从不同角度对钻孔数据作可视化显示,生成高质量图像,用于解释和确定目标。同时,该套技术设备还可用于地下水监测和施工质量检测。

项目的实施极大地提升了水利工程勘察技术水平和成果质量,特别是在古贤水利枢纽工程前期勘察工作中,解决了坝址区基岩泥化夹层识别和裂隙发育状况及走向等重大技术问题,获得了业内专家的高度评价。同时,在推广应用和消化吸收的过程中逐步掌握了关键技术,结合国情自主创新,实现了引进设备中钻孔弹模测试设备的国产化。

目前,该套引进装备已经在全国多个水利工程中得到推广应用,取得了显著的经济效益、社会效益、环境效益。

### 3.5.3 水利水电工程三维设计方法引进、研究与推广

水利水电工程勘测设计是工程建设过程最重要的环节和主要依据,设计方案的优劣、水平的高低以及设计周期的长短,均直接影响工程建设的质量和投资。随着水利水电工程勘测设计工作的日趋市场化,业主和主管部门对水电工程勘测设计的质量、精度要求越来越高,而设计周期却越来越短,在项目审查时业主和主管部门又希望能提供真实的、直观的方案形象,这些都对设计工作提出了较高的要求。

目前,我国水利水电工程勘测设计行业的技术水平、计算机应用和信息化水平有了极大提高,但仍处于传统设计模式和二

维设计阶段,勘测设计工作仍停留在二维平面设计上,主要通过 AutoCAD 等 CAD 平台实现,在三维协同设计及仿真技术方面依然落后,与国际先进水平存在较大差距。

为优化设计流程,提高设计信息的共享性与复用性,实现信息充分共享、各专业协同设计、组件式快速设计和虚拟设计(虚拟施工),从而全面提高水利水电工程设计质量、效率和水平,全面提高勘测设计企业的科技实力和综合竞争力,2009 年依托水利部"948"计划开展了"水利水电工程三维设计方法引进、研究与推广"项目工作。

项目通过引进法国达索系统公司开发的 CATIA V5r19 三维协同设计平台,重点结合地形(地质)、水工设计、施工设计、金属结构设计、知识工程等方面的工作实际需求,开展了 CATIA 三维设计软件各项功能的深入研究、试验。同时,结合工程设计实际及工程设计人员工作经验和习惯,研究三维设计的方法和应用模式,提出三维设计功能扩充、完善的具体要求。针对水利水电行业的特点,实现水利水电行业中的三维协同设计,通过专业应用和二次开发,建立包含设计各专业的工程三维模型,研究开发相关设计模板,实现工程三维模型的参数化设计以及工程施工图纸的自动生成、相关工程量和材料用量的自动统计、计算。

项目研究成果已在黄河古贤水利枢纽工程、沁河河口村水库工程等多项工程设计项目中得到了较好的应用,完成了地形、地质、混凝土面板坝、重力坝、拱坝、岸边式电站厂房、地下厂房、溢洪道、隧洞、闸门、施工围堰、导流洞、道路等建筑物的三维设计工作,建立了一套应用性较强的参数化建筑物模板,解决了二维设计存在的各专业设计中的错、漏、碰等问题,能够快速进行方案对比,提出各种工程量计算结果、输出工程图纸,从而降低设计成本,提高设计质量和工作效率,为工程设计工作提供了有力的技术支持。

项目结合三维设计工作的进展情况和取得的成果,总结了三维设计应用经验,提出了水利水电工程主要专业三维设计工作方法和工作标准,为全面开展水利水电工程三维设计工作打下了良好的基础。

2009年5月27日,在中牟赵口险工举办的"2009年河南河务局防汛技能演练",现场的通信保障由本系统提供,现场采用4部无线摄像机,负责跟踪6个演练项目,将演练现场的清晰画面及时准确地传送到主席台,使各级领导能直接观察到各项目、各角度的演练情况,为保障演练的顺利进行和圆满成功发挥了重要作用。

2009年6月22日,中共中央原政治局委员、国务院原副总理吴仪考察花园口,在花园口将军坝依托数字防汛移动宽带综合业务平台系统在现场临时组建了一套应急数字移动视频转播系统。在视察期间,吴仪等领导同志在现场登录到黄河电子政务系统查看了当日的黄河实时水情,通过现场的大屏幕直观地观看到郑州桃花峪、开封黑岗口、濮阳坝头南上延、新乡武庄工程的实时河势变化和抢险情况,机动灵活的应急数字移动视频转播系统和高清晰的图像得到了领导们的赞扬。

2009年7月23日,黄河防总举行了黄河防汛调度综合演习。演练期间,数字防汛移动宽带综合业务平台系统的移动视频转播系统,在花园口将军坝、新乡马庄险工将演习抢险现场各类信息、实时图像传送至黄委防洪厅及河南黄河河务局防洪厅,为远程指挥决策及演习指令的上传下达提供了有力的支持。

数字防汛移动宽带综合业务平台设备的引进和应用,提高了黄河流域通信工作的技术水平,实现了流域内河势、河情、工情、险情信息快速准确采集,为黄河流域防汛、水行政执法和工程管理工作,乃至保护流域生态环境,实现科学调水和水资源可持续利用,促进中下游地区国民经济和国防事业的发展,都产生良好的社会效益和间接的经济效益。

## 3.6　小　结

黄委近年来在"948"计划引进及应用工作中真切地体会到通用技术的升级,不仅要靠引进,也要结合自主开发,进行再创新。因为黄河多泥沙的特性,对先进设备和关键技术提出了更高的要求。在项目的实施过程中,黄委始终坚持技术引进与自主创新、合作研究相结合的原则,加强对技术引进工作的宏观指导和统筹协调,把技术引进后的消化、吸收、再创造作为提高自主创新能力的一个强有力的手段,技术引进与自主研究开发相结合,加大自主创新的力度,不断提高引进技术的层次,降低引进成本,注重技术集成,努力形成自主的知识产权。

# 4 构建维持黄河健康生命治河体系及重大科技治黄实践

## 4.1 维持黄河健康生命理论体系构建及关键技术研究

### 4.1.1 维持黄河健康生命研究与实践提出的背景

　　河流是人类文明的起源,它不仅孕育了人类文明,而且滋润着人类文明的不断成长。但是,随着人类文明的不断发展,特别是进入工业文明以来,人类对河流的开发利用逐步超出了其承载能力,致使众多河流不堪重负,纷纷表现出空前的生命危机。埃及的尼罗河、美国科罗拉多河、欧洲莱茵河、中亚的阿姆河等世界各大河流相继出现河源衰退、河槽淤塞、河床萎缩、河道断流、湿地退化、水质污染、尾闾消失等症状。我国大江大河也不例外,特别是素有中华民族摇篮之称的母亲河——黄河,水少沙多的天然属性使得其河流功能衰退特征更为明显,主槽严重萎缩,二级悬河加剧;水资源供需矛盾日益突出,河道断流频繁;多数河段水质恶化,河流生态系统退化等。黄河的自然功能的退化足以威胁到黄河自身的健康、制约了黄河流域及其相关区域社会经济的可持续发展,甚至威胁到人类的生存和健康发展。

　　面对河流危机,世界很多国家都纷纷采取了拯救河流的行动。20世纪90年代初,美国制订了环境监测和评价计划,开始研究海岸、湿地、内陆水、森林等生态指标,并在1999年推出新版快速生物监测协议,之后便着手研究科罗拉多河分水协议的修改问题和以保护尼亚加拉瀑布为目的的环境流量问题。澳大利亚也启动了国家河流健康计划,开始监测和评价河流的生态状况。1994 年,英国成立河流修复中心,从此开展了以可持续的洪泛区保护和生物多样性保护为目的的河流修复计划,通过堤防后退和改变土地利用方式等为洪水和湿地留出空间;同期,莱茵河沿岸国家也在完成莱茵河水质治理后,启动了"鲑鱼2000 计划",并通过堤防后靠或河滩下挖等方式扩大了洪水自然泛滥区;日本则在"面向自然的修复计划指导下",开展了大规模"近自然河流"建设。1998 年,由美国 20 多个单位在 Pierce 县签署了有关 Puyallup 河流域开发及保护水质的协议,被认为是第一个维持河流健康的协议;德国则启动了 ISAR 计划,旨在改进洪水的控制措施、改善河流的生态功能和与水相关的娱乐。2000 年,欧盟颁布的《水框架导则》要求,在未来 10 ~ 15 年内把欧盟的河流恢复到良好状态,包括为生物提供充足的栖息地、实现水质恢复目标和改善水文情势。2002 年,墨 - 累河流域部长级委员会投资 1.5 亿澳元启动了"生命之墨 - 累河"计划,通过增加河川的环境流量和洪水淹没概率,改善沿墨 - 累河的重要森林、湖泊、洪泛区湿地、河口和河流水域的生态状况。2003 年10 月,黄委主任李国英提出了"维持黄河健康生命"的治河理念,2004 年 1 月黄委在全河工作会议上,明确提出将"维持黄河健康生命"作为黄河治理开发与管理的终极目标,并组织开展"维持黄河健康生命"的理论体系、生产体系和河流伦理体系研究工作。

"维持黄河健康生命"理念是科学发展观思想和可持续发展战略在黄河流域管理的具体体现,是我国和谐社会的组成部分,同时对世界人水和谐理念的发展及践行也具有重要促进作用。

"维持黄河健康生命"的治河理念提出后,黄委即组织有关单位开展了"维持黄河健康生命的研究与实践"项目的研究。

该项目通过深入分析黄河河情,研究提出维持黄河健康理论与实践体系,并据此调整黄河治理实践活动的行为方式,协调黄河的社会功能和自然功能之间的关系,以逐步恢复和维护黄河健康生命,为本流域及相关地区的人类经济社会发展提供可持续的支持,实现人类与黄河的和谐相处。

## 4.1.2  研究过程、成果及应用

2003 年以来,本项目对维持黄河健康生命理论体系、生产体系及河流伦理体系等开展了系统研究。围绕维持黄河健康生命指标,组织开展了"维持黄河生态系统健康关键指标"、"黄河健康生命需水耦合"、"黄河重点河段允许淤积度及相应的水沙条件"等专题研究,另外,在水利部现代水利创新项目的支助下,开展了"黄河健康生命指标体系"等系列研究。2005 年 10 月,组织召开了以维持黄河健康生命为主题的第二界黄河国际论坛,初步提出了三个体系框架。2006 年 11 月,维持黄河健康生命与实践项目完成,并进行专家鉴定、验收。

黄河健康生命伦理体系,全面分析了河流在人类文明发展史上重要作用,阐述了河流生命及健康河流生命内涵,河流的文化生命,河流的价值与伦理,河流伦理与立法,河流伦理的自然观基础,黄河与河流文明的历史观察等,丰富了河流生命学说。

维持黄河健康生命理论体系,根据黄河水少沙多、水沙不平衡的河情,结合流域经济社会的特点,本着社会可接受、经济可发展和环境可持续的基本原则,通过分析维持人类和河流生态系统健康生存对黄河的要求及其相互关系,提出了现阶段黄河健康生命标志:不仅具有连续的河川径流,更应具有通畅安全的水沙通道,拥有良好的水质和良好的河流生态系统,并对人类经济社会发展具有一定的水资源供给能力。另外,全面分析了黄河水资源形势、黄河下游及宁蒙河段水沙变化发展趋势,在此基

础上,通过大量理论及实测资料分析研究,提出了黄河干流及主要支流低限径流量,黄河下游及宁蒙河道主槽维持规模、河道形态等指标。通过研究黄河不同河段河流水体功能定位、污染治理的可能水平和河川可能提供的自净条件,提出了近期水质保护或恢复指标:兰州以上河段水质维持目前的Ⅱ类不再下降,兰州以下河段水质总体上达Ⅲ类。首次系统地分析了黄河水生态系统,提出了维持黄河干流河道自然功能所需径流条件的内涵、范畴和计算思路。全面研究了黄河输沙需水、生态需水、自净需水等,并研究提出了黄河环境流量的时空分布,形成了维持黄河健康生命的评价指标体系。

维持黄河健康生命生产体系,系统提出了维持黄河健康生命的实现途径。"水少、沙多、水沙关系不协调"是维持黄河健康生命需要解决的关键问题,其核心途径就是"增水、减沙、调控水沙"。为此,制定了减少入黄泥沙"先粗后细"的基本原则,提出了控制粗泥沙的立体防御体系,完善和丰富了"拦、排、放、调、挖"等处理和利用黄河泥沙措施。通过采取行政、经济、工程、科技、法律等多种手段,全面构建黄河水资源统一管理与调度的综合保障体系,加强水资源的有效管理。外流域调水,建设以干流龙羊峡、刘家峡、黑山峡、碛口、古贤、三门峡、小浪底等7大控制性骨干工程为主体,支流陆浑、故县、河口村、东庄水库相配合黄河水沙调控体系。提出了"稳定主槽、调水调沙,宽河固堤、政策补偿"的黄河下游河道治理方略。通过强化政府监督管理,充分重视发挥地方政府、环保和水利三方面的作用,以减少污染物的排放,实行污染物排放和入河总量双控制,建立和完善联合治污机制,以加强水资源保护等。

"维持黄河健康生命研究与实践"项目理论与实践并重,既有治河理念的创新,维护黄河健康理论体系的构建,也紧密结合黄河治理的重大实践。维持黄河健康生命理念一经提出,即开始对黄河治理的实践活动发挥指导作用。特别是近年来,以维持黄河健康生命为理念,在本项目研究提出的实现黄河健康生命主要途径框架内,以黄河健康生命评价指标体系为技术支撑,进行的黄河重大实践活动如黄河调水调沙、水资源统一调度、优化配置及保护、黄河小北干流放淤、利用并优化桃汛洪水冲刷降低潼关高程等,取得了明显效果,初步遏制了黄河健康恶化的趋势,并逐步开始恢复黄河的自然功能,引起了社会各界广泛关注。

来自60多个国家和地区的代表,于2009年10月20～22日聚首中国郑州,参加主题为"生态文明与河流伦理"的第四届黄河国际论坛,对人类与河流和谐相处有了更加深刻的认识,就河流伦理达成了广泛的共识,共同发表如下宣言:

我们认识到:在人类中心主义的价值取向支配下,当前全世界范围许多河流正在断流、萎缩和遭受污染,面临着空前的生存危机。要改变这一状况,最关键的是应该树立河流伦理意识,赋予河流生命的意义,对河流承担起道德责任。

我们共同认为:通过对河流伦理的研究、构建和在全社会的广泛宣传,使之渗透到人类繁衍和成长的过程中,可规范人类自身的社会行为,培育和弘扬河流生命理念,协调人与河流的关系,促进和谐相处。

我们有责任和义务:动员社会各界力量,加强对河流伦理的研究,从自然科学、人文科学、社会科学的多维视角,研究河流生命的内涵、权利、价值、河流伦理原则、河流立法、河流健康生命的维持等,为实现人与河流和谐相处提供有力的理论支撑。

我们有责任和义务:作为河流的代言人,在流域管理中,以"维持河流健康生命"作为河流治理开发与管理的终极目标,关爱河流,尊重河流,保护河流,以水资源的可持续利用支持流域经济社会的可持续发展。

愿有志于构建河流伦理的世界各国政府、组织、企业、社会各阶层一道积极行动起来,呼吁给予河流道德关怀,让人类与河流相依相伴到永远!

## 4.2 重大治黄实践成果

近年来,黄委围绕"维持黄河健康生命"而开展的调水调沙、黄河水资源统一管理与调度等科学探索和实践,也获得了国内和国际的认同,2009年"黄河水资源统一管理与调度"获国家科技进步二等奖,2010年"黄河调水调沙理论与实践"获国家科技进步一等奖,也填补了近10年水利行业没有成果获得国家科技进步一等奖的空白,黄委因此成为"2010年李光耀水源荣誉大奖"得主。

### 4.2.1 黄河调水调沙理论与实践

黄河的根本问题是水少沙多、水沙关系不协调,致使河床淤积形成"地上悬河"。调水调沙是通过人工调节塑造协调的水沙关系,达到减轻河道和水库淤积的目的。

通过大规模试验研究和生产实践,进一步揭示了水沙输移规律,建立了水沙调控理论和指标体系,确立了适用于不同水沙情势的运行模式。

通过调水调沙,黄河下游河道主河槽平均下降1.5 m,最小排洪能力由1 800 m³/s提高到4 000 m³/s,水库淤积形态得到改善,河口生态系统得以恢复。

#### 4.2.1.1 建立了黄河水沙调控基础理论,首次开展了大规模、成系统、有计划的黄河调水调沙实践,为"长治久安"的治黄战略目标开辟了新的治理途径

以黄河干支流骨干枢纽为主体,将水库、河道、干流、支流作

为一整体系统,统一考虑水沙的时空分布,通过科学调度及各环节控制技术、理论的集成应用,不仅能实现流量的调控,而且可以实现泥沙的调控,达到变不协调的水沙关系为相对协调水沙关系的目的。通过黄河调水调沙试验和实践,形成了一套以塑造协调水沙关系为核心的黄河水沙调控基础理论,包括:输沙能力计算,人造洪峰大小、历时与时机对河道冲淤的理论分析,河床对水沙过程的响应关系,中水河槽的塑造及行洪输沙能力,水库异重流形成与运动的理论等。

以建立的黄河水沙调控理论为基础,首次开展了治黄史上最大规模、成系统、有计划的调水调沙原型实践。黄河调水调沙空间范围涉及上至万家寨水利枢纽下至黄河河口近 2 000 km区域中小浪底、三门峡、万家寨、陆浑、故县等黄河中游干支流水库群,以及中下游河道;实践过程涉及防汛调度、规划设计、科学研究、水文预报监测、抢险减灾、工程管理等众多环节。过程中获得了大量的科学数据。

在 2002 年以来黄河总体来水来沙条件极为不利的情况下,黄河下游不仅没有出现“上冲下淤”的不利局面,反而实现了小浪底水库以下至入海口河槽的全线冲刷,河槽平均降低 1.5 m,中水河槽最小过流能力由 2002 年汛前的 1 800 $m^3/s$ 增加至当前的 3 880 $m^3/s$,显著降低了洪水位,大大减轻了中常洪水对黄河下游两岸滩区 181 万人民群众的威胁,显著地促进了沿黄地区经济的可持续发展和社会稳定,改善了河口地区的生态环境。黄河下游中水河槽过流能力大幅度提高,相应地使河槽输沙能力由不足 20 $kg/m^3$ 提高至 40 $kg/m^3$ 以上,为今后利用中常洪水输沙入海、减轻河道淤积创造了极为有利的条件。建立了可较为准确描述小浪底水库异重流的形成和运行规律的数学表达式,在中游无洪水条件下首次成功地实现了人工塑造异重流排沙出库,丰富发展了水库排沙技术。

黄河水沙调控理论和调控技术推广运用至"利用桃汛洪水冲刷降低潼关高程"的生产实践,取得了显著成效。黄河水沙调控理论的建立及调水调沙试验和生产实践,为当前及今后相当长时期内黄河的治理和"长治久安"的治黄战略目标的实现开辟了一条新的途径。

#### 4.2.1.2　揭示了黄河下游河道水沙输移和小浪底水库异重流运动规律,建立了黄河调水调沙指标体系

(1)揭示了现状条件下黄河下游河道水沙输移规律。

近年来,河道萎缩、河床横向边界约束度增强,使得黄河下游河道呈现出有别于以往的水沙输移与河床调整特征,河床动力平衡临界阈值相应发生变化与调整。黄河调水调沙过程中,不断深化了对黄河下游河道输沙规律的认识,黄河小浪底水库以下至入海口 900 余 km 的冲积性河道,各河段河型、河性不同,自我调整规律不尽相同,且上下游之间互为影响与反馈;在接近平衡输沙的状态下,具有总体最优的输沙效果;黄河下游河床调整迅速,场次洪水过程中,洪峰期大量级水流塑造的河床形态不适应落水期小量级水流输沙,往往发生涨冲落淤现象,在小浪底水库拦沙初期的次饱和输送过程中表现尤为突出;通过实测资料分析与模型概化试验的量化研究,提出了"缓涨陡落"的洪水过程可获得最优的输沙效果;河道在冲刷过程中,随着河槽不断刷深、展宽,床沙不断粗化,使得河槽几何形态发生调整,河床阻力增加,水流悬移质颗粒变粗,进而使冲刷效率下降。

(2)建立了小浪底水库异重流输移与浑水水库沉降过程的数学关系式。

小浪底水库横向宽窄相间,沿程支流众多,水沙输移过程极为复杂。针对黄河调水调沙的需求进行了大量的应用基础研究,即通过理论探讨与实测资料分析,并集成凝炼了水库实体模型与基础试验成果,提出了可定量描述水库异重流输移过程的

表达式,为成功塑造异重流奠定了基础。

(3)建立黄河调水调沙调控指标体系。

通过理论分析和对黄河下游大量历史资料的研究,并考虑水库安全、下游防洪安全、滩区减灾、水资源安全等综合要求,提出了可维持黄河下游全线冲刷的调控指标:当进入下游的水流含沙量小于 20 kg/m³ 时,控制花园口流量为 2 600 m³/s,洪水历时维持在 9 d 以上;当含沙量为 40 kg/m³ 左右,且水流悬沙以细颗粒为主时,控制花园口流量为 3 000 m³/s 左右,洪水历时控制在 8 d 以上。以上述指标为基础,在调水调沙过程中,还依据水流悬沙组成、水库蓄水条件、下游河床边界条件与调整过程,进行动态控制与调整。

### 4.2.1.3 首创了人工塑造异重流,形成了完整的调水调沙技术,创立了三种调水调沙基本模式

黄河问题的复杂性主要体现在水少沙多,水沙不平衡,因此黄河调水调沙不仅是对水流过程的调节,更重要的、难度最大的是对泥沙的合理调节。

(1)首创水库群水沙联合调度塑造异重流模式,发展了排沙途径。

提出了利用万家寨、三门峡、小浪底水库联合调度,在小浪底水库回水区形成异重流排沙过程。其中,小浪底水库承担为塑造异重流排沙提供有利的边界条件与优化出库水沙组合的任务。三门峡水库承担冲刷小浪底库区泥沙,并为塑造异重流提供沙源的任务。万家寨水库承担冲刷三门峡库区泥沙的任务。在实际调度过程中,三座水库除发挥各自的功能外,还有机地进行衔接与互动。由于黄河水沙情势的变化,中等流量以上的洪水出现概率明显减少,利用人工异重流的排沙方式排泄水库前期的淤积物对保持三门峡水库的平衡,延长小浪底水库拦沙库容寿命具有重要的意义,对未来黄河水沙调控体系的调度运行

将产生深远的影响。

(2)形成了一整套调水调沙技术。

历次调水调沙逐步形成了一套完善的技术,包括协调的水沙过程塑造技术、试验流程控制技术、水库异重流塑造技术、水文监测和预报技术等。

水沙过程塑造技术包括各种条件下坝前及出库泥沙预测、枢纽各不同高程泄水孔洞调度、水库坝前分层流清浑水对接及干支流清浑水对接等;试验流程控制技术从时间上讲分为预决策、决策、实时调度修正和效果评价 4 个阶段;干流水库群的调度塑造异重流这一原创技术为水库排沙找到了一条新的途径。

(3)针对不同的水沙情势及调控目标,确立了黄河调水调沙三种基本模式。

黄河调水调沙逐步形成并确立了以小浪底水库单库为主、基于大尺度空间水沙对接和基于干流水库群联合调度的三种基本模式,即以 2002 年黄河调水调沙试验为代表的基于小浪底水库单库调节为主的调度模式;以 2003 年黄河调水调沙试验为代表的基于空间尺度干支流水沙对接的调度模式;以 2004 年黄河调水调沙试验为代表的基于万家寨、三门峡、小浪底等干流水库群水沙联合调度塑造异重流的调度模式。

### 4.2.1.4　实现了系统集成创新,提升了应用基础研究与应用技术研究水平

(1)实现了系统集成创新。通过水文气象预报系统、水情工情险情会商系统、预报调度耦合系统、实时调度监测系统、水量调度远程监控系统等集成创新,实现了黄河中游沿程 1 000 km 的大尺度空间各控制断面水沙过程的精细调控。

(2)应用基础研究取得进展。针对黄河调水调沙的需求,深化了对复杂控制条件与极端边界条件下水库与河道水沙输移规律的认识,建立能较为准确描述物理量之间关系的计算式,为

调水调沙奠定了基础;利用实体模型及数学模型预测,指导黄河调水调沙预案编制和实际调度,多种手段与方法相互补充与印证,提高了调水调沙的准确性与科学性;开发了黄河中下游中短期天气、降水、洪水预报与次洪含沙量预报系统,提高了水情预报的时效性、准确性。同时,黄河调水调沙过程中获得的大量观测数据,促进了基础研究水平不断提升。

(3)形成了水库异重流量测规程。黄河调水调沙促进了小浪底水库和下游河道的原型监测站网、测验设施和组织管理等方面的更新与加强,完善了小浪底水库异重流测验断面的布设,丰富了水库异重流的观测内容。制定了适用于黄河的水文测验技术标准和技术要求。

(4)研发了多项水文观测仪器。基于黄河调水调沙过程中水沙实时监测的要求,成功地研制、运用了振动式在线测沙仪、多仓悬移质泥沙取样器、浑水界面探测仪,引进开发了激光粒度分析仪等适合多泥沙河流水沙测验的先进仪器设备,实现了含沙量、颗粒级配等的在线快速监测,填补了泥沙在线测验的空白。

## 4.2.2 黄河水资源统一管理与调度

黄河是我国西北、华北地区的重要水源,以其占全国河川径流总量2%的水资源,承担着全国12%人口、15%耕地和50多座大中城市的供水任务,同时要向流域外调水。黄河水资源支撑了我国国民经济9%的GDP,是流域及相关地区经济社会可持续发展的基础和保障。自20世纪70年代以来,随着沿黄两岸经济社会发展,社会各方对水资源的需求量急剧增加,黄河水资源供需矛盾日益突出,加上超量无序用水,每年春夏之交,黄河下游断流频繁。进入90年代几乎年年断流。1997年情况最为严重,距河口最近的利津水文站全年断流达226 d,河口地区

330 d 无水入海,断流河段曾上延至河南开封附近,断流河段长达 704 km。断流不仅造成局部地区生活、生产供水危机,破坏生态系统平衡,并带来巨大经济损失。

黄河日益严峻的断流形势引起了党中央、国务院和社会各界的高度关注。1997 年,国务院及有关部委先后两次召开黄河断流及其对策专家座谈会,寻求解决黄河断流问题的良策;1998 年 1 月,中国科学院、中国工程院 163 名院士联名呼吁:行动起来,拯救黄河。同年 7 月,部分院士、专家对黄河中下游山东、河南、陕西、宁夏 4 省(区)20 余个市、地、县进行了实地考察,向国务院呈送了"关于缓解黄河断流的对策与建议的报告";中央电视台和经济日报社也在同年的 4 月 15 日至 7 月 1 日,联合组织了"黄河断流万里探源"大型采访活动。

为缓解黄河流域水资源供需矛盾和黄河下游频繁断流的严峻形势,经国务院批准,1998 年 12 月国家计划委员会、水利部联合颁布实施了《黄河水量调度管理办法》,授权黄委统一调度黄河水量。1999 年 3 月开始正式实施黄河水量统一调度。通过综合运用行政、工程、科技、法律、经济等手段,精心组织,科学调度,取得了连续不断流的成绩,基本遏制了超计划用水势头,流域特别是河口地区生态环境有所改善,促进了节水型社会建设,有力支撑了流域及相关地区经济社会可持续发展。

《黄河水资源统一管理与调度》是黄委这些年来在黄河水资源统一管理调度方面开展的研究与实践的集成、提高与统领。项目根据黄河水资源管理与调度的需要,行政、科技、法律、经济和工程措施并举,创建适合了黄河河情的水资源调度管理体制和运行机制;建立了信息服务、科学决策、快速反应的黄河水量调度决策支持系统;创新和完善了黄河水资源管理制度。

通过开展对调度管理体制的研究和实践,规范了国家、流域机构、11 省(区、市)地方政府和水行政主管部门、水库主管部门或单位等主体的权力、义务和职责,形成了"国家统一分配水量,流域机构负责组织实施统一调度,省(区)负责用水配水,流量断面控制,重要取水口和骨干水库统一调度"的黄河水量统一调度管理模式。研究制定了我国首个针对流域水量调度的法规《黄河水量调度条例》,并通过国务院颁布实施。同时,在此模式下,结合黄河实际,研究实践了流域层面的水权转换和危机管理,建立了黄河水权转换实行市场与行政审批相结合方式的体制,制定了水量调度突发事件应急处置和重大水污染事件应急调查处理的应急管理机制。为提高调度管理决策水平,研发了面向黄河调度管理体制和实际应用的决策支持系统,系统涵盖了信息采集与传输、方案制订、业务处理与存储、应急反应、综合监控等方面,范围涉及黄河水量总调度中心,上游甘肃、宁夏、内蒙古水利厅,河南、山东2省黄河河务局及其下属13个市局、32个县局。系统可在线掌握干流所有省际和重要控制断面、重要支流入黄把口站、7大控制性水库和约90%干流引黄取水量的实时水文信息和重要水质信息。实现了下游78座引黄涵闸的远程监控。探索并突破了当前国内外枯水演进难题,研发了精度较高的重点河段枯水演进模型,以及一级流域水量调度的模型。实践了黄河枯水测验,研究了水质监测新模式。

　　项目研究成果在优化配置水资源和调度管理中的成功应用,结束了黄河频繁断流的局面,取得了连续10年不断流的斐然成绩,确保了沿黄供水安全和粮食安全,促进了流域产业结构调整和节约用水,水污染状况逐步好转,生态环境逐步恢复,提高了科学决策管理水平。据中国水利水电科学研究院和清华大学研究测算,统一调度前10年,黄河供水区共增加3 504亿元GDP和3 719万t粮食产量。

### 4.2.2.1　项目主要创新点

　　(1)率先在世界大江大河中实施全流域、全过程的水资源统一管理与调度,创立了流域水量统一调度管理模式,以及以"层次控制、长短结合、滚动修正"为特点的科学水量调度方式。

(2)研发了具备总量控制、在线跟踪、动态调整的高精度流域水量调度模型,用于编制调度方案;首次建立枯水演进方程,研发具有正反向计算、提前预警、参数自动优化的枯水调度模型。模型预见期可达15 d,且预报误差控制在10%以内。

(3)建成了目前世界上覆盖范围最广、规模最大、层级最多、控制能力最强的下游引黄涵闸远程监控系统。系统实现了78座涵闸远程监测、监视和监控,控制了下游引水的90%、全流域用水的1/3。

(4)自主开发建成了我国首座多泥沙水质自动监测站,研发了适用多泥沙河流5级可调式水样前处理技术和设备,并有3项成果获得国家专利("948"计划支撑作用)。

(5)率先在国内水利行业引入危机管理的理念,建立了水量调度突发事件、突发性水污染事件和流域干旱的应急管理机制。

(6)首次在我国创建了流域层面水权转换制度,并大规模成功实施。

#### 4.2.2.2 经济社会效益和应用推广

在黄河水资源统一管理调度下,有效遏制了超计划用水,恢复了被挤占的输沙用水和生态环境用水,实现了黄河连续10年不断流,其间4次引黄济(天)津、9次引黄济青(岛)、2次引黄济(白洋)淀,保障了生活、生产用水和生态用水安全,提高了用水效率和效益。据中国水利水电科学研究院和清华大学测算,年均增加国内生产总值(GDP)309亿元;生态基流提高60%,濒危的黄河河口生态系统逐步得到恢复,三角洲淡水湿地面积增加了7.5万亩,鸟类增加到283种;快速处置27次水量调度突发事件和6次重大水污染突发事件,科学应对了去冬今春波及河南、山东、陕西、山西和甘肃 5 省的流域特大干旱,使沿黄地区 3 708 万亩冬小麦在大旱之年得到有效灌溉。

研究提出的黄河水量统一调度体制和运行机制已被国务院颁布的《黄河水量调度条例》采纳,水权转换制度已被国务院颁布的《取水许可和水资源费征收管理条例》采纳。截至目前,已有来自世界 60 多个国家、20 多个国际组织和国内数十家单位的 8 000 多名流域管理者和工程技术人员考察了黄河水量调度决策支持系统。黄河水资源统一管理与调度模式、决策支持系统研发经验已在黑河、塔里木河水量调度中得到推广应用。总量控制和水权转换研究成果也在国内得到广泛推广。

黄河水资源统一管理与调度实现了黄河不断流,国务院前总理朱镕基赞之为:这是一曲绿色的颂歌,值得大书而特书;温家宝总理批示:……黄河在大旱之年实现全年不断流,……这些都为河流水量的统一调度和科学管理提供了宝贵经验。党和国家领导人回良玉、盛华仁、蒋树声、王忠禹、钱正英、张思卿等先后视察了黄河水量总调度中心,并实地操作了引黄涵闸远程监控系统,对系统所具有的功能给予了高度评价。

中国水利水电科学研究院认为,流域水资源管理与调度是一项具有很强挑战性的世界难题,缺乏成功的实践范例。黄河水资源统一管理与调度创建的管理模式、调度方式和制度体系,为我国乃至世界水资源管理与调度实践奠定了坚实的基础。研发的黄河水量调度决策支持系统,开创了国内外大江大河流域水资源管理与调度的先河,研发理念和关键技术具有重要的示范意义和广阔的推广前景。

山东省人民政府认为,黄河水资源统一管理与调度遏制了黄河下游断流恶化趋势,显著改善了河口三角洲生态环境。宁夏、内蒙古自治区认为,黄河水权转换是一次水资源管理体制的创新,打破了制约当地经济社会发展的水资源瓶颈,实现了水资源从低附加值行业向高附加值行业的流转。

2009 年,该成果也因其领先的技术水平,巨大的社会、经济效益,显著的科技进步作用,被国家科学技术奖励委员会授予国家科学技术进步二等奖。

# 5　科技创新支撑体系的建设与发展

黄河流域是中华民族的摇篮,战略地位重要,在国民经济发展的战略布局中具有重要作用。黄河又是一条多泥沙河流,洪水泥沙灾害严重,历史上曾给中华民族带来深重灾难,治理黄河历来是中华民族安民兴邦的大事。黄委作为水利部直属的黄河流域管理机构,多年来一直致力于黄河不协调水沙关系、水资源供需矛盾与水生态恶化、下游防洪安全等方面的科学研究,科技工作者在治黄实践中不断总结、思考,深化了对黄河自然规律的认识,支撑了各个时期治理黄河事业的发展和跨越,为黄河治理开发与管理的实践源源不断地提供技术支撑和决策依据,维持着母亲河的生息和健康,基本满足了中西部地区生活生产和工农业用水的需要,保护着黄河下游滩区人民的生命财产安全。在长期的治黄实践中,黄河科研作出了重要贡献,发挥了重大的科技支撑作用。

1985 年,中共中央印发了《关于科学技术体制改革的决定》,作为经济体制改革的一个重要部分,我国的科技体制改革全面铺开。从上到下的体制改革按照政策放活、方向放宽的原则,使研究、教育、设计与生产单位联合,鼓励民营科技、高新技术的发展,使科研人才、科研机构进一步整合,推进了科技与经济的一体化进程。胡锦涛总书记在党的十七大报告中强调,提高自主创新能力,建设创新型国家,是国家发展战略的核心,是提高综合国力的关键。温家宝总理提出要坚持把推进自主创新作为转变发展方式的中心环节。2006 年,水利部印发了"关于加强水利科技创新的若干意见"。构建科技创新体系成为此后一段时期的主要政策走向。

为贯彻落实党中央、国务院和水利部作出的重大战略决策和部署,黄委坚持科技治河方针,在全河大力提倡科技创新,积极构建"1493"科技治河体系,借助现代科技手段开展"三条黄河"工程建设,在治黄理念、防洪减灾、水污染治理、水土保持、水资源调度等各个方面取得了一系列创新性科研成果,有效地促进了黄河治理开发和管理各项工作的发展,科技创新已成为推动治黄现代化的决定性力量。

# 5.1　科技创新体系构建需求

回良玉副总理在 2008 年全国水利科技大会上指出,水利科技工作要强化原始创新、集成创新和引进消化吸收再创新,加强基础理论研究、应用技术研发和高新技术利用,加速科技成果推广转化,集中力量开展科研攻关,努力实现水利科技创新的重大突破。新时期水利科技工作的总体目标是:通过坚持不懈的努力,水利科技基础条件平台建设整体达到国际先进水平,科技创新体系健全完备,科技创新机制完善高效,创新能力显著增强,技术引进、消化吸收和推广转化有机衔接,一批事关水利发展与改革的重大科技难题得到解决,先进科技成果广泛应用,科技人才队伍结构合理,素质优良,科技投入满足创新需求,科技管理水平不断提高,水利科技综合实力总体达到国际先进水平。到2020 年,科技对水利的贡献率要达到 60%,全面满足建设创新型国家对水利行业的要求。要实现这一目标,就必须全面推进创新体系建设,构建流域及沿黄地区专业布局优化、学科结构合理、人员精干高效、具有世界先进水平的治黄科学研究与技术开发体系,以非营利性科研机构黄河水利科学研究院为基础,建设创新基地,依托黄委现有的科研力量,整合创新资源,重点解决黄河流域经济社会发展中的重大水利科技问题。

## 5.1.1 科技创新体系的概念

创新是一个民族的灵魂,是一个国家兴旺发达的不竭动力。当今世界各国之间综合国力的竞争日趋激烈,而综合国力的竞争实质是科技实力的竞争,要想在科技竞争中立于不败之地,必须把科技创新置于国家发展的战略地位和领先地位,科技创新日益成为国家经济高速度、高质量、高效益持续增长的必要条件和根本环节,构建完善的科技创新体系是实现科技兴国的必然要求。

科技创新体系是指由科研机构、大学、企业及政府等组成的网络,它能够更加有效地提升创新能力和创新效率,使得科学技术与社会经济融为一体,协调发展以期实现国家对提高全社会技术创新能力和效率的有效调控和推动、扶持和激励,取得竞争优势。科技创新也是科学研究、技术进步与应用创新共同促进,不断推进科技发展螺旋式上升。科技创新体系包括创新主体、创新基础设施、创新资源、创新环境、外界互动等要素,是这些要素相互影响、相互牵制、统一协同作用的复杂的社会系统过程。

水利科技创新体系包括科学研究与技术开发体系、科技推广与技术服务体系和科技管理体系三个部分。治黄科技创新体系建设应该包括治黄水利科学研究与技术开发体系建设、科研基础设施平台建设、科技推广与技术服务体系建设、科技管理体系建设等。构建黄委科技创新体系就是通过创新体系改革,理清创新资源各要素,通过观念转变、科学引导、激励机制等举措,合理整合配置创新资源,建立健全布局合理、功能完备、运转高效、支撑有力的治黄水利科技创新体系。

## 5.1.2 黄委科技创新体系的构建背景

进入 21 世纪,伴随我国经济社会的高速发展,水资源已经成为制约经济社会可持续发展的关键因素之一。黄河"水少沙多、水沙关系不协调"、下游河道淤积、水资源供需矛盾、水质恶化、水土流失严重、生态系统退化等一系列问题日益尖锐,下游河道演变、水库异重流运动规律、黄土高原土壤侵蚀机理等基础规律的认识还有待进一步深化,开发和节约水资源、保护和改善水生态与水环境、确保下游防洪安全的任务愈来愈重,治黄水利科技面临着艰巨的任务,解决这些问题的关键在于科技创新。治黄科技创新在取得巨大成就的同时,存在着与新时期水利事业发展要求不相匹配的现象,集中体现在原始创新不足,部分学科与国际先进水平差距较大,研究深度与广度不够,集成度不高,科技投入不足,成果转化率不高,高层次科技人才严重缺乏,水利科技创新体系不完善。

治黄科技创新支撑能力不足具体表现在以下几个方面:

(1)原始创新和自主创新能力不足,研究深度与广度不够,集成度不高,获得的国家级科技成果奖和发明专利少。对科学发展观和全面建设小康社会目标提出的新需求、新挑战、新战略的研究支持能力,对治黄综合决策的科技支撑能力还相对薄弱。对基础理论和微观机理研究不够,基础理论创新能力相对薄弱,部分学科研究手段单一。长期以来对治黄生产技术问题研究得多,对项目的"生产实用性"强调得多,对现象描述得多,对基本情况分析得多,而对机理和规律研究不够,对诸如泥沙运动基本规律、河床演变过程与机理、土壤侵蚀机理、堤防漏洞发生发展过程与机理等方面的研究较少。同时,像堤防安全、防汛抢险和减灾、节水灌溉技术等研究方面缺乏综合性的集成创新研究,研究手段也相对单一。

(2)科技投入不足,黄河科研定位为社会公益,大量前瞻性的应用基础和重大应用技术研究是以科学探索、获取宏观经济社会效益为目标的。长期以来,在国家有关部委的大力支持下,治黄科研工作投入不断增加,极大地促进了治黄科研工作。但由于黄河问题的复杂性,一方面很多规律性的研究需要持续发展,需要长期的科研经费滚动支持;另一方面在黄河的治理开发与管理中不断遇到的新问题和挑战,需要科研项目的确定和经费安排,具有较强的针对性和时效性。同时,按照国家规定,黄委实行财务预算制度,缺乏自主安排应急性科研项目的调节能力。黄河科研投入渠道有待进一步稳定、持续。

(3)原有科研体制有待改革完善。一方面,黄委科研力量比较分散,7个科研单位中只有黄河水利科学研究院是水利部直属的4个科研院所之一,人数仅占全委科研人员的44%,目前只有126人属国家财政部备案的科研人员,影响了诸如"中央级科学事业单位修缮购置"等专项科研资金的投入;另一方面,黄委内科研单位联合申报国家级科研项目的良好机制尚未形成。根据国家现有项目申报要求,对于"科技部基础性工作科研专项"等计划,只有黄河水利科学研究院具有项目申请资质,其他单位不能申请。又如"国家'十一五'科技支撑计划"、"国家973计划"、"国家自然科学基金项目"、"水利部公益性行业科研专项"等资金计划,虽然各科研单位都可以申请,但从近年来的申报情况看,非直属科研院所不具有竞争优势。

(4)高层次人才和创新团队需进一步培育,科技队伍力量较弱。一方面,由于缺乏重大项目的支持,导致黄委面向水利学科前沿、具有国际视野的领军人物比较缺乏,立意高远,能集聚高水平人才的可持续创新群体还没有形成;另一方面,由于科研投入不能稳定,造成了项目组需要向社会找钱,承担了大量的重复性社会生产科研任务,长期以往,对中青年科技工作的研究水平和创新能力影响较大,创新团队有待进一步培育。

(5)科技创新平台运行机制有待完善。黄委科技创新平台建设近来有了长足进步,但平台运行机制有待完善,项目支持不够,各创新平台形式上相对松散,其预期效果还未充分显现。由于没有建立科技资源共享和开展协同攻关的支撑服务平台,缺乏畅通的信息沟通渠道,黄河科研资源还没有得到充分、高效的共享,还没有形成具有强竞争力的治黄科研合力,对科技创新平台的支撑力度不够。有关政策尚得不到落实,如陈雷部长在全国水利科技大会上提出了"工程带科研、科研为工程"的水利科技创新方针,要求在水利建设项目资金中,划出一定比例用于解决相应的工程技术问题,但该政策目前还没有落实,难度很大。

(6)创新评价机制和激励机制有待完善。一是科研绩效评价指标不完善。科研过程本来就是一个创新的过程,从科研层面来讲,对创新的要求更高。基础研究更多的是强调原始创新,应用技术研究则更多强调技术创新,但目前还没有建立起一套科学、合理的评价机制,评价指标需要进一步补充和量化。二是创新的长远机制尚未建立起来,潜心基础性研究、前瞻性研究的队伍还未建立起来,受考核机制、项目管理机制、经费管理机制的影响,大部分科研人员面临着包括职称晋升、工资发放等的生存压力,加快了项目的研究周期,基础研究仍然显得薄弱。三是缺乏对创新性科研工作或成果的激励制度,对难度大的机理性探索的相应激励导向不足。四是缺乏对科研成果的后评估制度。

治黄科技创新支撑能力的不足与当前黄河治理开发与管理对科研的需求和科技治黄的要求不相适应,制约了黄河水利的可持续发展。实践可持续发展水利的新时期治水思路,维持黄河健康生命,实现人水和谐,必须依靠科技创新。面对黄河治理开发与管理面临的机遇和挑战,结合国家科技投入大幅增加、科技项目申报渠道多、时效性强的新形势,为更好研究黄河不断出现的新情况、新问题,探求黄河的自然规律,促进黄河科技工作的统筹规划和协调发展,筹谋研究黄河治理开发与管理的科学技术,促进科技创新与转化,实现水资源的合理开发、高效利用、优化配置和节约保护,根据黄委科学研究的实际情况,要加强国家科技支撑等各类科技计划的争取力度、解决治黄关键科技问题,有效提高治黄科技水平,迫切要求对原有的科技管理体制进行改革,构建完善的科技创新体系。

## 5.2 构建科技创新体系的探索与实践

在2006年全国科学技术大会上,国务院颁布了《国家中长期科学和技术发展规划纲要(2006~2020年)》,把发展能源、水资源和环境保护技术放在优先位置,确定了自主创新、重点跨越、支撑发展、引领未来我国新时期科学技术发展的指导方针,提出了建设创新型国家的战略目标。为深入贯彻落实国务院《关于实施科技规划纲要增强自主创新能力的决定》以及《关于实施〈国家中长期科学和技术发展规划纲要(2006~2020年)〉若干配套政策的通知》,水利部颁发了《关于加强水利科技创新的若干意见》,明确了新时期水利科技创新工作的指导思想、目标和主要任务。2008年全国科技大会进一步明确了今后一个时期水利科技工作的重点任务,提出了加强水利科技创新的保障措施,对水利科技发展具有划时代的重要意义。近年来黄委在科研管理上创新思维,积极改革完善科技管理模式,通过人才引进、激励政策、创新项目组织形势等措施,治黄科研环境得到了进一步的改善,治黄科研的运行机制得到了进一步的理顺,从而使得近年来科研成果不断涌现,科技对治黄的贡献率不断得到提升。

### 5.2.1 强化战略部署,制订黄河中长期科技计划

《国家中长期科学和技术发展规划纲要(2006~2020年)》

对水资源问题给予了高度重视,把发展能源、水资源和环境保护技术放在优先位置,作为今后科技发展的第一个战略重点,并明确指出"要重点研究长江、黄河等重大江河综合治理开发的关键技术。同时,还要重点研究水土资源与农业生产、生态和环境保护的综合优化配置技术,要对长江黄河中上游和黄土高原等典型生态脆弱区生态系统进行动态监测,并研究其修复技术"。为实现黄河长治久安,为黄河流域及相关地区的经济社会发展提供可持续的支撑,黄委认真落实科学发展观,以"原型黄河"、"数字黄河"和"模型黄河"三条黄河建设为框架,努力构建科技治河体系。"十五"期间,通过加强基础研究、推动技术创新、扩大学术交流和创新管理体制,在防洪减灾、水资源保护和水环境治理、水土保持、水资源开发利用等方面取得了丰硕的科研成果,并开展了黄河调水调沙、小北干流放淤、下游治理方略等重大科学试验和研究,有效促进了治黄科技的飞速发展,为构建维持黄河健康生命的治河新理念提供了有力支撑。

面对当前国家科技投入大幅增加的新形势,黄委科研项目资源储备缺乏系统、科学的规划,以往采取临时应急式的申报模式,对当前不同的经费渠道和优先资助领域,已经不能满足需要。因此,为下一步积极争取国家科技支撑计划、国家重大装备、国家自然科学技术基金、国家"948"计划、水利部科技创新计划、农业科技成果转化资金等重大计划项目的支持,不断提高黄委科研能力和水平,编制了《黄河水利委员会近期科学和技术发展计划(2008～2012年)》。

《黄河水利委员会近期科学和技术发展计划(2008～2012年)》坚持自主创新、重点跨越、支撑发展、引领未来的指导方针,坚持水利部治水新思路和维持黄河健康生命的治河理念,面对黄河当前主槽严重萎缩、悬河和"二级悬河"加剧、水资源供需矛盾突出、生态系统退化等一系列问题,充分考虑水资源和水环境承载能力,坚持人水和谐的科学理念,针对黄河健康修复的关键技术问题,开展基础科学和重大技术研究,加快创新成果的推广转化,推动治黄实现跨越式发展;以深化科技体制改革为动力,充分发挥黄委宏观管理和科技资源配置的主动作用,努力提高科技创新能力;积极构建科研基础条件平台,建立共享、高效、开放、合作的科研资源管理和研究机制,为治理开发黄河提供有力的科技支撑。

《黄河水利委员会近期科学和技术发展计划(2008 ~ 2012年)》基本理清了黄委21世纪以来形成的科研成果或研究现状,在各领域和学科需求分析的基础上,紧密围绕国家科技支撑计划、国家重大装备、国家自然科学技术基金、国家"948"计划、水利部科技创新计划、农业科技成果转化资金等重大计划,提出了2008 ~ 2012年治黄科技发展总体布局与优先发展领域和重点科学问题,建立了黄河治理开发战略性、基础性、应用性的关键问题和技术,重大技术装备引进等方面的科研项目数据库,建立了维持黄河健康的关键技术研究、重大技术装备引进和研制项目库,为重大科研项目立项做好储备;对黄委科技创新管理机制建设、科技成果推广转化体系建设、质量技术监督体制建设等进行了规划,通过良好的科研创新环境创建,加快科技成果转化;在信息、网络等技术支撑下,对黄委研究试验基地、重点实验室、基础科研设施和仪器装备、科学数据与信息等治黄科技基础条件平台进行统筹规划、配置,建立科技基础条件平台的共享机制,通过有效配置和资源共享,为科技创新提供有效支撑。

## 5.2.2　推进顶层设计,提升资源统筹集成能力

《国家自主创新基础能力建设"十一五"规划》指出,要从国家层面强化在若干关键领域和薄弱环节的战略部署,着力实施自主创新基础能力建设重大工程,力求突破科技发展和产业技

术的瓶颈制约,带动国家自主创新能力的整体提升。要加强统筹规划,在国家层面上做好科技资源共享的顶层设计。

"顶层设计"(Top-down design)源于自然科学和大型工程技术领域的一种设计理念,简言之为自上而下逐层设计。它注重设计与实际紧密结合,强调设计对象定位准确,结构优化,功能协调,资源整合,它不仅需要从系统和全局的高度,对设计对象的结构、功能、层次、标准进行统筹考虑和明确界定,而且十分强调从理想到现实的技术化、精确化建构,是架设在意愿与实践之间的"蓝图"。

近两年,黄委采取顶层设计思路,统筹规划内部科技资源,协调集成现有科研力量,在重大科研问题立项研究上下工夫。针对过去科研项目分散、重点研究方向不明确等问题,先后编制了《黄河近期基础研究需求报告》、《黄河水利委员会近期科学和技术发展计划(2008~2012 年)》。

按水利部总体部署和要求,开展了系统的黄河公益性行业科研专项顶层设计工作,完成了《黄河流域公益性行业科研专项实施意见和整体框架》,进一步明确了近期迫切需要解决的重大科技问题,提出了近期治黄科研主攻方向及黄河科研体系框架近五年实施方案,主要包括黄河防洪防凌减灾、水沙调控、水资源统一配置和综合调度、黄河水质监测保护问题、黄土高原水土保持等近期重点研究方向和重点研究课题,建立了重点研究领域、主要方向和优先课题库。作为近期治黄科研的战略性文件,在指导国家科技支撑计划及公益性行业科研专项等国家级科技计划的顶层设计、项目申报中发挥了重要作用。

## 5.2.3　深化体制改革,构建黄委科技创新体系

进入 21 世纪以来,科技体制改革的步伐明显加快,新一轮科研体制改革向更深的层次开展。2000 年,国务院办公厅转发了《科技部等部门关于非营利性科研机构管理的若干意见》(国

办发〔2000〕78 号),2001 年科技部印发了《关于对水利部等四部门所属 98 个科研机构分类改革总体方案的批复》(国科发政字〔2001〕428 号),明确规定了黄科院等非营利性单位按非营利性机构管理和运行的科研机构执行进行改革。

黄委目前所属科研单位 10 个 1 400 余人。分别是黄河水利科学研究院,山东黄河河务局下属的黄河河口研究院(业务受黄河水利科学研究院领导),黄委水文局下属的黄河水文水资源科学研究院、黄河河口海岸科学研究所、黄河河源研究院,黄河水资源保护局下属的黄河水资源保护科学研究所,黄河上中游局下属的天水水土保持科学试验站、绥德水土保持科学试验站、西峰水土保持科学试验站,黄河勘测规划设计有限公司下属的岩土科学与材料科学研究院。

作为黄委创新体系的重要组成部分,科技管理体制改革必须克服体制、理念上的束缚,在新的环境下改革和创新,从管理理念、职能、激励机制、人才体制、精细管理等方面着手,为基础研究、技术研发和科技人才成长提供自由的土壤,形成自主创新的体制机制和利益导向。2003 ~ 2004 年,黄委按照中央、省(部)关于科技体制改革的要求,对委属科研单位原有的管理体制和运行机制进行了重大调整,以提升科技创新和市场竞争能力,创建现代化的非营利科学研究机构。通过改革,基本建立了"开放、流动、竞争、协作"的管理和运行机制,形成了以黄河水利科学研究院为主体的黄河流域(片)科学研究与技术开发的综合科研创新体系,重点解决流域经济社会发展中的重大水利科技问题。依托黄河水文水资源科学研究院、黄河水资源保护科学研究所、黄河河口研究院,形成了特色明显的专业研究开发体系,着重解决专业领域内的水利科技问题。依托天水水土保持科学试验站、绥德水土保持科学试验站、西峰水土保持科学试验站,形成了比较系统的科学观测和试验体系,重点开展野外观测和科学试验,为黄河科学研究提供了基础支持。依托黄河科技推广中心、勘测设计单位、生产管理单位,形成了比较协调的科技推广与技术服务体系,对于科技成果的集成与转化起到了推动作用。

科技体制改革的实践表明,转制以后黄委及院所、企业承担的国家任务不但没有减少,反而有所增加。改革后的治黄科研焕发了新的生机与活力,社会经济效益迅速提高,彻底抛弃了"小富即安"的旧观念,更加清醒地认识到科研优势才是立身之本,重新确立了产业发展战略,以市场为导向,本着"有所为,有所不为"的原则,进一步明确和强化了科技创新的方向。

案例1:黄河水利科学研究院的体制改革。

黄河水利科学研究院(简称黄科院)创建于1950年10月5日,是水利部所属的以河流泥沙研究为中心的多学科、综合性科学研究机构,为全国水利系统非营利性重点科研单位。60多年来,紧紧围绕国家水利事业的发展和黄河治理开发的需求,形成了以河流泥沙、水土保持、堤防安全与病害防治等为优势学科,以工程力学、防洪减灾与水利管理、水资源与水生态、高新技术、灌溉与节水技术、水利信息化与测控技术等为支撑学科的创新体系,涵盖专业达60多个。

2003年,作为水利部直属非营利性科研院所,按"分类指导、稳住重点、推动转制、促进发展"的原则,进行了管理体制及运行机制的改革,以提升科技创新和市场竞争能力,创建现代化的非营利科学研究院。改革后的黄科院,进一步优化了学科专业结构,基本形成门类相对齐全、专业比较配套、布局较为合理、优势较为突出的"五所三中心"的科研创新体系,"五所"即泥沙研究所、水土保持研究所、水资源研究所、防汛抢险技术研究所、工程力学研究所。"三中心"即引黄灌溉工程技术研究中心、高新工程技术研究开发中心、黄河水利委员会基本建设工程质量检测中心。形成了以河流泥沙、水土保持和堤防安全与病害防治研究领域为重点,以工程力学、水资源学、防汛抢险技术、节水技术、高新工程技术等为支撑学科,涉及工学、理学、农学、社会学等15个一级学科,涵盖专业达60多个。

利用科研体制改革的有利时机,黄科院积极申请筹建了"水利部黄河泥沙重点实验室"、"水利部堤防安全与病害防治工程技术研究中心"、"水利部科技推广中心黄河科技推广中心"和"黄河水利委员会黄河超级计算中心",为科技创新可持续发展储备了充足的原动力。还成功申请了"黄河水利科学研究院博士后科研工作站"和国家研究生教育创新计划"黄河研究生培养基地",现已招收和培养专业硕士研究生44人,进站博士后4人,源源不断地为水利及治黄科研单位输送高层次人才。

通过科研体制改革,黄科院进一步完善了部门的工作职责,制定相关配套办法。如:岗位管理做到按需设岗,实行聘任制,加强绩效考核;分配制度实行按岗定酬,注重实绩和贡献,向优秀人才和关键岗位适当倾斜;颁布执行了创新激励办法、先进工作者奖励办法,加大对获奖人员的奖励力度等。建立了黄科院创新专项资金,从非营利增量经费及科研收入中每年拿出不少于100万元的经费,推进科技创新建设。2006年又启动了院(所)长基金重点资助战略性、前瞻性、创新性的超前期研究课题。近三年来,黄科院用于投入开展创新研究的资助经费将达到1 134万元,已支持各类项目53项。改革后的黄科院,科研资源配置更加优化协调,为不断加大科技创新能力注入了新的活力。

案例2:黄河勘测规划设计有限公司的体制改革。

黄河水利委员会勘测规划设计研究院成立于1956年,是黄委下属的技术开发类科研机构。按照《水利部勘察设计单位体制改革指导意见》和国家关于技术开发类科研机构要坚持企业化改革方向的要求,2003 年 9 月,由部属事业性质整体转制为股权多元化的有限责任公司,注册成立了黄河勘测规划设计有限公司(以下简称黄河设计公司)。作为科技型企业,黄河设计公司由水利部黄河水利委员会、水利部水利水电规划设计总院和新华水利水电投资公司三方作为投资主体,分别持有公司国有净资产的 55%、30% 和 15% 的股权,对公司的管理由行政管理转变为资产管理,向产权和投资多元化的方向发展,建立了规范的法人治理结构,增强了公司在技术开发和科学研究领域发展的后劲。

2005 年,黄河设计公司全面完成体制改革任务,建立了与岗位管理、薪酬管理、目标管理相协调的绩效管理体系。目前,作为以水利水电工程为主的国家甲级综合性工程勘察设计单位,黄河设计公司主要从事高寒冻土地区筑坝技术研究、高压隧洞衬砌形式研究、复杂结构动力分析方法研究、水利工程自动化设计研究、水利工程安全性评价标准及风险评估方法的研究、土石坝施工仿真模拟及分析决策方法研究、拱坝体形优化、高塔架结构动静力分析(非线性)、面板坝耐久性研究、抗冲耐磨材料以及裂隙渗流问题等科学研究和技术开发工作,并且在多泥沙河流的治理开发、流域规划等方面积累了丰富的经验。

2003 年 12 月,黄河设计公司在全国水利系统率先成立了博士后工作站,也是全国七大流域机构中第一家博士后科研工作站,先后培养了 5 名博士后。博士后科研工作站依托公司雄厚的实力,以服务黄河、培育企业的核心竞争力为宗旨,为公司吸引高层次科研人才搭建平台,提高企业的技术开发和科技创新能力。随着改制后市场竞争力不断增强,2007 年黄河设计公司通过招标投标成功申请到"河南省城市水资源环境工程技术研究中心",以该中心为科研主体,以改善城市生态环境为目标,不断探索城市防洪安全和饮用水安全、水资源合理配置、水环境和生态环境持续改善的新技术和新方法,推广国内外城市河道治理的成功经验和生态城市建设的成功案例,为我国的城市生态化建设提供信息和工程技术服务。河南省城市水资源环境工程技术研究中心与公司博士后科研工作站互为技术补充,科研技术力量日渐雄厚,成为黄河设计公司创新体系的一个亮点。

为提升公司技术水平,培养科技创新能力,不断提高科技竞争力,公司除积极申请国家、省(部)科研项目外,还积极开展自主研究开发工作,完善有关科技管理制度,加大科研投入和奖励力度,每年的科研经费投入占总收入的3%以上。从2008年开始,公司每年资助各生产单位科研项目10余项,作为公司自立科研项目。另外,各生产单位也自筹资金开展科研工作。目前,部分自立科研项目已结题验收,并获得多项专利。

通过改革,黄河设计公司在企业内部形成了"开放、流动、竞争、协作"的新型运行机制,全面推行全员聘用制、稳步推进人事代理制度,建立重实绩、重贡献的分配激励机制,注重知识产权、技术专利知识和技术在收入分配中的价值,推进大型仪器设备、数据平台等资源共享,建立了适应创新体系要求的现代企业制度。

## 5.2.4　完善制度体系,构建良好科技创新环境

构建完善的科技创新体系,必须首先构建完善的科技管理制度体系。科技管理是通过科技计划项目的组织、控制、领导等系列工作,整合并有效利用各方面资源,以实现预期目标的过程。科技管理制度体系关系到科技政策能否得到认真正确贯彻,科研机构和队伍的潜力能否充分发挥,科技规划、计划能否顺利实现。在国家和水利部有关科技管理规范性文件的指导

下,黄委先后制定或修订了一系列制度办法,构建了全方位的比较完善的科技管理制度体系。

### 5.2.4.1　管理制度创新

为了规范黄委科技项目管理,提高科技成果质量,推动科技成果转化,保证科技项目管理的科学、高效,制定了《黄河水利委员会科技项目管理办法》、《黄河水利委员会"九五"国家重点科技攻关计划管理实施细则》、《黄河首次调水调沙试验资料使用管理办法》、《黄河数学模型研发导则》、《黄委"数学模型"攻关项目管理暂行办法》等制度办法。为了规范和保障"十一五"国家科技支撑计划重点项目"黄河健康修复关键技术研究"的顺利实施,根据《国家科技支撑计划管理暂行办法》及《国家科技支撑计划专项经费管理办法》,制定了《黄河水利委员会"十一五"国家科技支撑计划重点项目管理办法》,明确了"十一五"国家科技支撑计划重点项目领导小组、首席专家、项目办、项目专家组、课题承担单位的职责以及课题负责人的权利与义务。

为提升黄委自主创新能力,激励管理创新和技术创新,制定了《黄河水利委员会关于激励创新的实施办法》和《黄河水利委员会关于激励创新办法的实施细则》,把创新形成一种日常制度,对治黄实践中取得创新并做出突出成绩的单位和个人给予奖励。

为了进一步激励创新,推动治黄科技进步,促进科研成果的应用和推广转化,黄委颁布了《黄河水利委员会科学技术进步奖励办法》、《黄委会新技术新方法新材料及其推广应用成果认证暂行办法》、《黄河水利委员会治黄科学技术著作出版资金管理实施细则》等,逐步建立起了行为规范、运转协调、廉洁高效的科技管理体制。

### 5.2.4.2　科研机制创新

（1）完善首席专家制。

从2003年开始,黄委借鉴国外经验,以重点学科领域为方向,以重大项目为依托,继续完善"首席专家＋攻关团队"的重大项目攻关模式,积极探索高层次专家培养和成长机制,为黄河科研提供人力资源保障。同时,优选优秀科技人才形成团结、高效的核心攻关团队,在首席专家的组织下,发挥研究团队优势,各尽所长,形成合力,力求实现重大研究突破。首席专家是科研团队的"技术总负责、管理总协调、进度总控制、经费总把关",在项目实施过程中,确定项目的总体方案、实施步骤、经费使用计划和人力资源配置方案,把握整体方向和研究重点,定期检查项目各课题的工作,对课题执行过程中涉及研究方向、研究计划、研究经费等方面重大问题及时做出决策,及时调整各课题研究方向与内容,及时通报项目实施过程中的有关情况,组织整合、提交最终项目研究成果,确保项目研究计划的完成。

首席专家制打破了委内单位之间的界限,已经成功应用到黄河"数学模型"研发、国家"十一五"科技支撑计划"黄河健康修复关键技术研究"、水利部公益性行业科研专项资助项目等国家和省部重大科研项目的实施中,对确保项目良好运行和任务实施起到了至关重要的作用。

(2)项目立项竞争机制。

为优化科技资源配置,提高科技经费的使用效率,促进公平竞争,科技部 2000 年颁布了《科技项目招标投标管理暂行办法》,规定涉及政府财政拨款投入为主的技术研究开发、技术转让推广和技术咨询服务等目标内容明确、有明确的完成时限、能够确定评审标准的科技项目,应当实行招标。黄委为了规范科研项目管理,提高科研经费的使用效率,建立项目竞争机制,2001 年首次将"科研项目招投标"理念引入黄委科研项目立项中。从 2003 年起,在科研项目立项中试行"自上而下"模式,即在广泛征集立项建议的基础上,经过论证、编写、修改、审定后于年初公布下年度科研立项指南,通过竞争立项选择项目承担者,改变了以前单纯"自下而上"申请项目的模式,使科研更贴近治黄急需。

(3)激励机制。

为提高治黄工作的整体水平,推动黄河治理开发与管理现代化进程,实现"维持黄河健康生命"的终极目标,2004年黄委专门制定了《黄河水利委员会关于激励创新的实施办法》和《黄河水利委员会关于激励创新办法的实施细则》,对治黄事业产生重大影响的、切实在治黄工作实际中产生巨大效益的、切实强力推进治黄现代化的成果进行重奖。激励创新机制在委属单位普遍实行,各单位把创新工作作为年度主要考核指标,建立了形式多样的奖励、激励机制,有力地推进了治黄创新的发展。

黄河水利科学研究院自2003年起,在经费并不宽裕的情况下,每年筹措不少于100万元的创新专项资金,激励科技创新。2006年起,正式启动了院(所)长基金,重点资助战略性、前瞻性、创新性的超前期研究课题,这些项目往往具有一定风险。截至2009年,黄河水利科学研究院用于投入开展创新研究的资助经费将达到1 134万元,已支持各类项目53项,并在创新机制上大胆探索和实践,制定了《科学技术进步奖励办法》、《科研成果奖励办法》、《获奖成果、出版专著和发表科技论文奖励办法》、《突出贡献奖评选奖励办法》和《创新成果奖励办法》等鼓励科技创新的管理办法,设立了黄河水利科学研究院创新成果奖,奖励在治黄和水利科学技术进步及科技创新中做出重要贡献的集体和个人,还制定出了在年终对获得各种奖励荣誉的给予相应的匹配奖励等政策。

黄河明珠集团是黄委直属的大型国有企业集团,为鼓励应用技术创新,在物质奖励的同时,充分运用精神奖励手段,开展了首席员工、技术员工"双十佳"的评选,特别是对在生产中发挥突出作用的职工技术革新成果和工具,以该职工的名字命名,如东春支架、建军支架、尹善查找等,均是在施工中总结出来的,解决了施工难题,提高了功效,降低了成本,充分调动了基层技术人员的积极性和主动性。

(4)绩效评价机制。

为了提高科研项目的管理水平,充分发挥科研人员的积极性和创造性,在各科研单位建立合理薪酬制度的基础上,结合激励机制和约束机制的实施,黄委建立了比较系统的科研项目绩效评价机制。一是分类进行科研绩效评价,评价基础研究类成果,注重成果在学术上的影响和对学科发展的贡献,主要表现为科学论文或试验报告,采用成果命名论文、EI、SCI引用等量化指标来评价;评价应用基础和应用技术研究成果,主要表现为重大技术创新、试验方法和仪器的重大发明等,以指导治黄生产实践或对其产生一定影响作为关键指标,以参与国家重大科技或工程项目并解决关键技术为辅助指标。二是绩效评价形式采用同行专家评价和文献计量分析相结合。在项目验收评价阶段,主要评价项目是否开展并完成合同书中所承诺的相关任务;在项目后评估阶段,主要评价项目研究成果的学术影响、创新性以及应用效果。三是进一步完善科学研究奖惩政策,实行按岗定酬、按任务定酬、按业绩定酬,建立重实绩、重贡献、向优秀人才和关键岗位倾斜的分配激励机制,充分调动科研人员的积极性。

# 5.3　治黄科技基础条件平台建设

为有效改善治黄科技发展中存在的科技资源分散、重复、缺乏交流等问题,通过搭建治黄科研条件平台、学术交流平台、成果推广转化平台,运用信息、网络等现代技术,以资源共享为核心,对科技基础条件资源进行合理布局、战略重组和系统优化,结合管理体制和运行机制的创新,使全河科技资源达到高效配置和综合利用。按照《关于加强水利科技创新的若干意见》要求,加强水利科技创新基础条件平台建设,鼓励、支持流域和地方建设多种形式的实验室、研究中心、试验站等水利科研基地。作为水利科技创新体系的支撑条件,黄委根据治黄水利发展、学科布局和成果转化的需要,重点建设了"水利部黄河泥沙重点实验室"、"水利部堤防安全与病害防治工程技术研究中心"、"河南省城市水资源环境工程技术研究中心"、"水利部黄河水利委员会超级计算中心"、"水利部科技推广中心黄河科技推广示范基地"、"黄委会科技推广中心"、"国家研究生教育创新计划黄河研究生培养基地"、"博士后科研工作站"、"亚太地区水利信息化与流域管理知识中心(黄河知识中心)"等科研平台,以及"模型黄河"试验基地。通过专业整合和扩展,初步打造了黄河科研创新工作平台,促进了治黄科技资源的高效配置和综合利用。

同时,黄委还加强了全河范围内科技共享平台的建设。一是建立科研条件共建平台,围绕水利部重点实验室、工程中心、黄河超级计算中心、黄委科技推广中心与水利部科技推广示范基地、博士后科研工作站、黄河研究生培养基地、数据中心等科研条件平台的建设,形成设备先进、共建共享、流动开放、高效运行的全河科研基础条件支撑服务平台。二是建立了人力资源共有平台,有效整合黄委内部的科研力量,鼓励委属各单位的科研联合攻关,以减少重复立项、重复研究。三是建立基础资料共用平台,在科研项目立项中要列入必要的水文、测绘等资料费用,以部分补偿资料获取的成本,解决费用不足问题。四是搭建学术交流平台,促进交流、沟通与协作。五是搭建科研成果推广转化平台,建立科技成果项目库,加大成果宣传、推广、应用和转化力度。

## 5.3.1 科研条件平台

科研条件平台是集聚创新要素的重要载体,是激活创新资源的重要措施,是培养创新人才的重要基地。加强包括省部级重点实验室、工程技术研究中心以及流域、科研院所特色试验基地的建设是增强科技创新能力、实现黄河科研跨越式发展的基础工程。按照水利部"鼓励、支持流域和地方建设多种形式的开放实验室、研究中心等科研平台,构建以水利科研基地和大型科学仪器设备共享平台、水利科学数据共享平台、科技成果转化公共服务平台等为主体框架的水利科技基础条件平台,促进科技资源高效配置和综合利用"的政策,黄委依靠流域和专业优势,积极申请创建国家级重点实验室、工程技术研究中心,建设适应流域发展的试验基地。经过近10年的努力建设,目前治黄科技基础条件平台框架已经形成,为黄河基础研究和应用研究创造了良好的条件,确保治黄科研的优势学科处于国际领先水平。

### 5.3.1.1 黄河泥沙重点实验室

2004年7月,水利部正式批准"水利部黄河泥沙重点实验室"在黄河水利科学研究院成立,重点建设了多功能泥沙试验水槽、水文泥沙地形参数量测系统、河流海岸模拟系统等基础支撑条件,主要包括泥沙研究所和水土保持研究所,有黄土高原研究室、水库研究室、河道研究室、河口研究室、基础研究室、数学模型研究室、测控技术研究室等7个研究室。

通过"水利部黄河泥沙重点实验室"建设,极大地提升了黄河泥沙治理的科技水平,并取得了一系列重大研究成果。如先后开展了小浪底水库异重流输移规律及利用骨干水库联合塑造水沙关系技术、潼关高程变化规律及调控措施、黄河下游游荡性河道河势演变机理、基于河势稳定原理的游荡性河道整治机制、游荡性河道整治方案、维持黄河下游排洪输沙基本功能的关键技术、黄河河口实体模型试验相似率、黄河水沙数学模拟关键技术等多项重大课题的研究,主要成果已在黄河调水调沙、小北干流放淤、优化并利用桃汛洪水冲刷降低潼关高程、河道整治工程体系建设等重大治黄实践、"模型黄河"和"数字黄河"建设、维持黄河健康指标体系研究中得到广泛应用。

实验室自成立以来,对河流泥沙工程学、河流与海岸动力学等学科的发展起到了极大的推动作用,培养了一批泥沙与河流动力学方面的青年科技骨干人才。实验室现有固定工作人员60 人,5 年累计承担研究任务经费 15 422 万元,其中承担国家级科研任务 2 115 万元,依托实验室完成的重大科研成果获得国家级科技奖励 2 项,省(部)级科技奖励 23 项,出版专著 31 部,译著 2 部,在 SCI、EI 检索及核心期刊公开发表学术论文 400 余篇,培养了博士 10 人,其中博士后 3 人,培养了硕士 43 人。

### 5.3.1.2　工程技术研究中心

(1)水利部堤防安全与病害防治工程技术研究中心。

黄河下游堤防工程是国内最长的堤防之一,占到了中央财政直管工程的 60% 以上,也是全国唯一实行集中管理的堤防工程。2006 年,水利部批复成立"水利部堤防安全与病害防治工程技术研究中心"(以下简称"堤防中心"),该中心重点围绕堤防安全与病害防治机理、防汛抢险应急技术、除险加固技术等方向通过联合攻关、技术创新、技术引进等方式,加速堤防安全与病害防治方面重大技术装备的研制、引进和推广,建成具有传递、辐射和带动效应的堤防工程安全与病害防治技术研究基地。现有实验室面积约 3 000 m$^2$,规划新建占地 180 余亩的防洪抢险试验基地。拥有一批高精尖的科研设备与试验仪器,如我国自行研制的第一台大型土动力三轴试验设备电液伺服粗粒土动静三轴试验机、先进的检测仪器非饱和土三轴仪、SUMMIT 遥测地震数据采集系统、Trimble GS200 高分辨率激光三维扫描系统、堤防隐患探测系统、多功能数字直流激电仪、堤坝管涌渗漏检测仪、涵闸工程检测系统等,具有较好的试验设备与试验条件。

堤防中心实行"开放、流动、竞争、协作"的运行机制,在我国堤防治理、水利工程规划建设及生产管理实践中,取得了许多具有突破性的重大科研成果。先后开展了可靠度理论在黄河大堤安全评价中的应用、黄河下游标准化堤防裂缝问题研究、堤坝工程土工织物加筋机理及设计计算方法、堤防工程仿真系统、堤防工程安全度评价及对策、洪水风险图编制及灾情评估等课题的研究,为黄河的治理提供强有力的技术支撑。同时,在堤防土体力学特性、堤防勘测设计、堤防数值模拟、堤防施工及质量控制、堤防隐患探测、堤防防汛抢险、堤防高新技术应用等方面开展了系统的研究工作,提高了堤防中心的研究实力与开发能力。

近年来,完成了水利部公益性专项、科技部专项及"948"计划等重大科技攻关计划,资助的一大批水工程技术的重大、重点科研项目 18 项,结合黄委需求,承担黄委生产科研项目 23 项,申请授权的发明专利 11 项,依托堤防中心科研条件出版专著 7 部,公开发表学术论文 56 篇,引进博士 4 名,硕士 9 名,培养博士后 1 名。

(2)河南省城市水资源环境工程技术研究中心。

河南省城市水资源环境工程技术研究中心成立于 2007 年,现有固定人员 27 人,其中具有城市规划、水资源、环境等专业高级技术职称人员 10 人、中级职称人员 3 人,具有硕士以上学位的人员 6 人。研究中心聘请了以刘昌明、王浩院士为首的专家组成学术委员会指导工作,黄河水利委员会博士后科研工作站为其提供技术补充,科研、技术力量雄厚。研究中心设有城市水资源利用保护技术、城市水环境保护及生态修复技术、城市污水及工业废水处理技术、城市水系生态安全技术、城市水利工程生态治理技术、城市水利经济、城市水景观及水文化建设等7个研究方向。

开放服务内容主要有：①城市水资源优化配置技术；②城市地表水和地下水联合调度应用技术；③城市水环境生态化治理技术工程应用；④城市水利工程新材料、新结构、新技术研究应用；⑤城市市区防洪标准、环境保护工程防洪标准和供水工程防洪标准；⑥城市河流水景观设计技术；⑦城市供水产业化及管理技术；⑧城市水利信息化应用技术。

近几年工程技术中心承担"郑东新区水系"等多项城市河道整治和水资源环境治理项目，项目投资总额近200亿元，取得了良好的社会效益、生态效益和经济效益。

### 5.3.1.3　科研试验基地

（1）"模型黄河"试验基地。

2003年11月26日，水利部正式批复《"模型黄河"工程规划》，通过建设"模型黄河"工程体系，对黄河的自然现象进行复演、模拟和试验，探求黄河的演变规律，为黄河治理开发的重大决策提供科学依据，为各项水利基础设施的建设和运行提供强有力的技术支撑，为"数字黄河"工程的建设提供物理参数，提高治黄的科技含量，推动黄河水利现代化。

"模型黄河"试验基地位于郑州市国基路，占地面积320亩，目前已建成的模型厅包括黄河下游河道模型厅（黄河小浪底—山东陶城铺）、小浪底水库模型试验厅、三门峡水库模型试验厅，同时建有抗震实验室。在建项目黄土高原模型试验厅、基础试验厅、水工模型试验厅、数据测控中心、基地配套基础设施部分，最终建成"六厅一室两中心"的"模型黄河"试验体系。

"模型黄河"是由多种类型的室内实体模型和野外原型试验场（区）构成且相互关联的实体模型体系，这种模型体系功能强大、测控系统先进，可与"数字黄河"耦合并与"原型黄河"信息系统集成,从而可以实现"三条黄河"联动。近五年来,已经在小浪底水库初期运用方式研究、洪水演进模拟等方面开展了大量工作,主要包括黄河下游游荡性河道整治、黄河调水调沙试验、异重流出库后黄河下游河道的水沙演进、河道冲淤情况、河道平面变化、输沙能力变化等研究内容。特别是异重流研究试验,对小浪底水库调水调沙试验库区人工成功塑造异重流起到了关键作用。

(2)黄河河口(东营)试验基地。

东营黄河河口模型试验基地土地面积约 1 000 亩,该基地将成为黄河河口综合试验的研究中心。根据黄河河口模型研究的任务、模拟范围和长期研究的需要,总体规划建设河口模型试验厅、基础试验厅、露天试验场、综合工程厅、黄河河口展览馆、管理运行配套设施等。

通过黄河河口模型试验基地建设,运用先进的河工模型相似理论和试验技术、测控技术和信息技术,开展模型试验研究,为黄河河口治理开发的重大决策提供科学依据,为相关水利基础设施与海岸工程的建设和运行服务,为"数字黄河"工程的建设提供物理参数,提高河口综合治黄的科技含量。针对河口模型试验基地 2015 年规划目标,考虑黄河河口治理的具体需求、资金条件及技术条件,近期集中力量和资金建设黄河河口模型试验厅、基础试验厅、露天试验场与相应的基础设施、模型及自动化测控系统,并针对当前最为紧迫的课题进行试验研究,为黄河河口综合治理规划及现阶段治理工程布局提供支撑。到 2020 年规划目标在完善近期模型试验系统建设的基础上,通过建立"开放、流动、竞争、协作"的科研体制和运行机制,多渠道融资措施,实现良性的自身滚动发展。进一步建设综合工程厅、黄河河口展览馆以及相应的配套设施组成的系统齐全、配套设施完备的多功能综合性试验基地和科学技术中心。

（3）新乡节水试验基地。

新乡节水试验基地为开放性试验基地,占地面积约20亩,主要从事基础理论研究和基础应用研究。开展节水技术、水资源高效利用、浑水灌溉、农业水土环境等方面的科研工作。根据研究内容和功能定位,试验基地划分为测坑区、田间试验区、气象观测区、降雨模拟区和模拟试验大厅等5个分区。

测坑区可开展 GSPAC 水分传输机理、作物耗水规律、湿地需水过程、浑水灌溉机理、土壤盐分运移规律、水盐耦合机理、水热耦合模型、水肥耦合过程等方面的研究工作。田间试验区主要用于自然状态下 ET 变异特征、作物抗旱机理、水分信号传输、干旱信息诊断、盐分积累、溶质迁移等方面的研究。气象观测区主要开展气象因素的精确监测,初步实现对9要素的及时准确监测。安置的试验仪器主要有自动气象站、水面蒸发器、雨量计等。降雨模拟区主要模拟不同雨型及雨强,开展不同降水条件下垫面对于地表径流和土壤蓄水的影响,开展作物、植被对雨水的利用过程及阈值问题等方面的研究。模拟试验大厅主要开展变坡水槽试验、不同含沙量浑水的水力学特征等方面的研究,同时可以模拟黄河下游引黄灌区渠系泥沙沉降过程、开展基于引黄灌区泥沙现状的渠系最佳断面设计、浑水生成等方面的工作。

（4）黄土高原水土保持野外科学试验基地。

绥德水土保持科学试验站、西峰水土保持科学试验站、天水水土保持科学试验站(简称“三站”)是在黄土高原不同类型区建立的我国最早的水土保持科学试验机构。从20世纪40、50年代开始,就布设野外试验观测小区,进行径流泥沙、水土流失规律、水土保持措施作用机理、措施优化配置及治理效益等方面的野外观测和研究工作,积累了丰富的第一手资料,取得了不少成果。“三站”共布设雨量站94处。气象观测场有5处,观测内容主要有降雨量、蒸发量、温度、风向、风速、辐射、湿度、光照、气压等。小流域控制站有 13 处,全坡面径流场有 3 处。"三站"均位于黄土高原严重水土流失区典型地段,分别代表黄土丘陵沟壑Ⅰ副区、Ⅲ副区和高塬沟壑区,具有技术手段、场地和人员力量的有利条件,绥德水土保持科学试验站搬迁榆林市工作已经得到水利部批复。

## 5.3.2　学术交流平台

围绕黄河治理开发与管理中的热点、难点问题,利用好黄河国际论坛、黄河研究会、GWP(中国黄河)等平台,充分发挥政府与民间、国际与国内等不同性质学术活动的优势,通过举办国际论坛、黄河讲坛、高级圆桌会、专题研讨会等形式多样的学术活动,努力搭建流域内外技术、管理人才共同参与、平等交流的平台,营造浓厚的学术氛围,为治黄科技创新提供有力支持。

### 5.3.2.1　开办黄河讲坛,营造创新氛围

为推动治黄科技进步,弘扬科学精神、繁荣学术思想,黄委于 2008 年 6 月成立了"黄河讲坛",讲坛旨在结合黄河治理开发与管理的实践,围绕"维持黄河健康生命"治河理念,选择治黄研究的前沿性、全局性、战略性问题,通过举办一系列学术讲座,推动和促进黄河科技创新,带动基础研究,促进成果应用,培养科技人才,努力提升黄河科研工作在国内国际的地位和水平。

"黄河讲坛"通过邀请自然科学、社会科学、管理科学、政治经济、文化历史、信息技术等多学科国内知名专家开展学术讲座,使科技工作者从多视角了解、跟踪重大科学进展,尤其是水利及相关学科的发展动态,提升治黄科技创新能力,推动治黄科技进步。截至 2010 年底,已组织了 24 讲,主讲人有中央党校李建华教授、复旦大学葛剑雄教授、中国月球探测工程首席科学家欧阳自远院士、中国环境科学院夏青教授、著名经济学家胡鞍钢

教授、水利史研究专家周魁一教授、著名作曲家王立平教授、著名军事理论家张召忠少将、著名作家"二月河"先生、郑州大学周文顺教授、故宫博物院张志和教授、中美关系专家沈丁立教授、生态专家张新时院士、科技部原部长徐冠华院士、中国公共安全领域开拓者范维澄院士、知名心理学专家郑日昌教授、著名经济学者钟伟教授等。

"黄河讲坛"自成立以来,在委内引起了良好的反响,已经成为黄委重要的学术阵地及文化品牌,使广大治黄科技工作者感受到了国内知名专家的大家风范,开拓了视野,创新了思维方式,营造有利于科技创新的治黄环境。

### 5.3.2.2　举办学术会议,加强学术交流

近年来,围绕黄河治理的重点、难点、焦点问题,黄委多次成功地举办了大型、高层次的学术研讨和交流活动,为践行"维持黄河健康生命"的治河新理念,实现人与自然的和谐相处以及流域经济社会的发展作出了应有的贡献。

(1)组织召开黄河河口问题及治理对策研讨会。为寻求符合黄河河口客观实际和自然发展规律、满足黄河河口地区可持续发展要求、实现人与自然和谐共处的黄河河口整治的对策。黄河研究会与中国水利学会于2003年3月21~25日在山东省东营市召开"黄河河口问题及治理对策研讨会"。会议邀请了全国水利、海洋、环境、泥沙等方面的院士、专家和代表近200人参加了会议。经过考察和技术研讨,与会专家们共同提出了《关于加强黄河河口研究及加快治理步伐的建议》。2003年3月25日中国水利学会与黄河研究会将《关于加强黄河河口研究及加快治理步伐的建议》(水学〔2003〕25号)呈报水利部。该建议受到水利部领导的重视。

(2)组织召开黄河源区径流及生态变化研讨会。为了进一步分析黄河源区径流及生态变化的原因,践行"维持黄河健康

生命"的治河新理念,谋求解决黄河源区问题的对策,黄河研究会于 2004 年 12 月 7 日在郑州举办了"黄河源区径流及生态变化研讨会"。来自中国科学院的黄荣辉、李吉均、符宗斌、刘昌明、丑纪范和中国工程院的任继周等 6 位院士,以及中国科学院有关院所,相关高等院校等单位长期从事生态、气象、环境、水利领域研究的专家和省区代表、黄河水利委员会有关部门 120 多人参加了会议。会后根据专家意见上报了关于加强黄河源区研究、监测及保护的建议,对黄河源区水资源变化趋势的研究以及源区生态保护起到积极的促进作用。

(3)组织召开了异重流问题学术研讨会。为了深入探索异重流产生、发展和运行规律,充分利用异重流特性,为解决小浪底水库和黄河下游河道淤积问题提供技术支持,2006 年 10 月 24~25 日黄委在郑州组织召开了"异重流问题学术研讨会",来自国家防汛抗旱总指挥部、中国水利水电科学研究院、清华大学、武汉大学、南京水科院、西安理工学院、小浪底水利枢纽建设管理局、陕西冯家山水库和渭南市东雷抽黄管理局以及黄委的专家和代表 120 多人参加会议。会议为促进异重流产生、发展和运行规律等基础研究搭建了一个平台,为充分利用异重流特性,尽量减少小浪底水库和黄河下游河道淤积问题提供技术支持。

(4)组织召开黄土高原小流域坝系建设关键技术研讨会。为促进淤地坝建设的快速、持续、健康发展,2004 年 8 月 12~13 日研究会与水利部科技推广中心、黄委国科局共同组织在西安召开了"黄土高原小流域坝系建设关键技术研讨会"。来自中国科学院水利部水保所,山西省水土保持局,陕西省水土保持局,甘肃省水土保持局,黄河上中游管理局,黄河水利科学研究院和天水、绥德、西峰水土保持科学试验站等单位以及黄委的 80 多位专家和代表参加了会议。与会专家就坝系相对稳定条件及其指标体系、坝系合理布局、坝系防洪安全及其评价、淤地坝施工等关键技术问题进行了深入探讨,并在淤地坝科研、投资及运行管理体制,淤地坝建设与发展等方面提出了建议。

(5)组织召开了维持黄河健康生命学术研讨会。为寻求"维持黄河健康生命理论体系"的有效途径,2004 年黄委在郑州举办数次"维持黄河健康生命学术研讨会",与会专家代表针对黄河逐渐暴露出的:干流的重要河段河槽萎缩严重,黄河水资源入不敷出,已突破生态良性维持的极限,河流自然生态系统退化等一系列问题,提出了构建出符合黄河特点,并适应黄河流域及相关地区经济社会发展水平的维持黄河健康生命理论体系的意见和建议。经过广泛、深入研究,在专家、学者多次咨询和讨论的基础上,黄委提出了比较全面、有一定深度的研究成果,"维持黄河健康生命理论体系研究框架"的制定为黄河健康生命的践行提供了理论依据。

(6)组织召开黄河小浪底水库泥沙处理关键技术及装备研讨会。小浪底水库作为黄河水沙调控体系中的关键性控制工程,在运用及调度中,如何利用自然的力量,并辅以适当的人工干预及机械措施减少小浪底水库泥沙淤积;尽可能的延长小浪底拦沙库容的运用年限,显得尤为紧迫和必要。黄河水利委员会、小浪底水利枢纽建设管理局、黄河研究会于 2006 年 12 月 14～16 日在小浪底召开了"黄河小浪底水库泥沙处理关键技术及装备研讨会"。来自水利部、科技推广中心、部分高等院校、科研院所、机械研究所、航道部门、疏浚公司、制造企业、水利枢纽、抽黄管理单位及委属有关单位的 130 多位专家和代表参加了会议。与会专家从不同的角度探讨了小浪底水库泥沙处理的相关技术与装备,为研究和解决小浪底水库高水位排沙及问题提供了多维的视角,提出了今后一段时期内小浪底水库下泄清水条件下库区泥沙处理的综合技术方案和专用装备设计思路,有力地推动了这项工作的开展。

（7）开展纪念研讨活动，弘扬老一辈专家治河业绩。黄河安澜的伟大成就是无数先辈与专家智慧和心血的结晶，为纪念老一辈治河专家对黄河事业的贡献，弘扬黄河精神，组织开展了纪念王化云先生和李仪祉先生的学术研讨活动。

王化云先生是在中国共产党领导下成长起来的杰出治黄专家，是人民治黄的开拓者和实践者，为了黄河事业心血相倾，是名副其实的大禹传人。他所提出的"上拦下排，两岸分滞"、"宽河固堤"等治黄方略，为科技治黄奠定了科学基础。为了纪念这位杰出的老一代治黄领导人，研究新时期黄河长治久安的战略措施，于2002年1月7日在王化云先生诞辰95周年之际举办了"王化云治黄思想研讨会"。

李仪祉先生是我国近代著名的水利科学家。他不仅是中国近代水利的开拓者，同时是中国近代水利教育的奠基人。在李仪祉先生诞辰120周年之际，由中国水利学会主办，黄委和黄河研究会共同承办，于2002年2月20日隆重举行了纪念暨研讨活动。全国政协副主席钱正英，河南省省长李克强，水利部副部长索丽生，水利部有关司局的领导以及各流域机构、各省水利厅、中国水利水电科学研究院、河海大学的领导和李仪祉先生的亲属参加了会议，在热烈隆重的气氛中，缅怀这位创造出不凡业绩的治水先贤。

通过纪念研讨活动，不仅对黄河治理开发重大问题的深入研究将起到积极的促进作用，也激励一代新人承前启后，开拓进取，把黄河治理开发的宏伟事业持续推向前进。

### 5.3.2.3 召开黄河国际论坛，加强国际交流合作

为了让黄河走向世界，让世界了解黄河，2003～2009年，黄委成功地举办了四届黄河国际论坛，每届大会都有来自几十个国家和地区的专家学者近千人出席会议。黄河国际论坛已经成为当今世界重大水事活动之一，以黄河为根基，搭建了河流治理

与流域管理在技术和经验方面的交流平台,弘扬了黄河治理开发中秉承的健康理念,宣传了黄河科研的创新及主要成果,展示了新世纪黄河治理开发的重大贡献。

四届黄河国际论坛分别围绕"21 世纪流域现代化管理模式与管理经验、流域管理现代技术应用"、"维持河流健康生命"、"流域水资源可持续利用与河流三角洲生态系统良性维持"、"生态文明与河流伦理"等中心议题,针对流域管理、水资源管理、生态环境、河道整治及水文测报、信息技术等学科、水环境保护、河流多功能协调、水权、水市场及节水型社会、跨流域调水、水资源一体化管理等问题展开了深入的交流与研讨,提出了许多具有创新价值的学术观点和先进经验,为维持黄河和世界有关河流的健康生命问题提供建议和良策。黄河问题的独特性、复杂性,面临的新情况、新问题,引起全世界的广泛关注。黄河国际论坛这一盛会的召开,提高了黄河的知名度,使越来越多的国家和地区以及国内外专家和学者关注黄河、了解黄河,从而使黄河走向世界。

## 5.3.3　成果推广转化平台

水利部《关于加强水利科技创新的若干意见》中明确提出"十一五"期间,围绕水利科技创新,要进一步健全体制、完善机制,推进体系建设,各级水利推广示范基地和科技推广中心,是水利科技创新体系的重要组成,应加强其自身建设,进一步提高服务质量,促进科技成果的推广转化。黄委科技推广工作始终坚持创新与成果转化两手抓,在高度重视科技成果的推广转化的同时,注重加强推广体制创新,不断完善科技推广体系,加快科技成果向现实生产力的转化。一是根据水利科技的发展,积极探索科技成果推广和转化的管理体制和运行机制。二是利用国家以及省部级各类科技推广计划,找准推广的主攻方向,有重点地推广对黄河流域水利科技进步有实用价值的科技成果。三是着力科技成果的集成配套和应用,起到以点带面,形成强力的科技示范效应,促进黄河水利科技创新成果的推广、应用和产业化发展。

在水利部国科司、科技推广中心的大力支持下,2006年,在黄委成立了"水利部科技推广中心黄河科技推广示范基地"和"黄河水利委员会科技推广中心",为创建治黄科技成果推广体系打下了坚实的基础。推广中心成立五年来,依托国家科技部、水利部有关推广转化项目,开展了卓有成效的工作。通过实施国家农业科技成果转化资金项目、水利部"948"计划技术创新与转化项目、水利部科技成果推广计划和地方科技推广计划,一批先进实用的水利科技成果得到成功转化,在防灾减灾、农业高效用水、水土保持、水利工程建设等各个领域发挥了积极作用,建成水利部科技推广中心黄河科技推广示范基地,对流域经济、社会的发展产生了显著的促进作用。

按照创新体系构建的总体要求,黄委科技推广转化平台对于治黄技术创新与转化起到了重要的指导和推动作用。一方面积极争取国家、部委各级推广转化计划的支持;另一方面筛选、挖掘一批先进、实用的经济效益显著的成果,强力推动其在生产实践中的转化。对具有良好市场前景和经济效益的科技成果,充分利用市场机制促进推广转化。以引进推广项目为例,黄河上中游管理局利用国家"948"计划"黄土高原严重水土流失区生态农业动态监测系统",引进了国际先进的3S技术和设备,综合集成3S、地面监测、模型计算等开展技术创新与应用研究,构建了黄土高原严重水土流失区生态环境动态监测系统平台。该项目完成后,为进一步示范推广,以项目组为班底成立了水土保持监测中心,完成了总投资1 000万元的黄河流域79.5万 $km^2$ 的第二次水土保持遥感普查,建立了一支从事水土保持监测、遥感调查的专业队伍,大力推动了水保科技创新和成果推广。

# 6 "十二五"科技发展需求

## 6.1 新形势下黄河治理开发与管理对基础和应用技术研究的需求

　　人民治黄以来,广大治黄科技工作者通过长期不懈的探索和努力,取得了大量科研成果,为黄河治理开发提供了重要科技支撑。但是,随着黄河流域经济社会的高速发展,对水资源的承载力要求越来越高,黄河河道淤积、水资源供需矛盾、水质恶化、生态系统退化等一系列问题日益尖锐,开发和节约水资源、保护和改善水生态与水环境的任务愈来愈重,对黄河科技提出了更新、更高的要求。

　　要遏制黄河健康状况恶化趋势,实现维持黄河健康生命的新跨越,把黄河治理开发与管理事业全面推向新阶段,以水资源的可持续利用促进流域经济社会的可持续发展,今后一个时期,必须依靠科学技术进步,加快治黄科技创新,逐步实现治黄工作重点的"四个转向"。

　　但是,黄河水少沙多、水沙关系不协调,是世界上最为复杂、最难治理的河流,黄河下游河道演变、水库异重流运动规律、黄土高原土壤侵蚀机理、河口演变规律、黄河重点区域产水用水基本规律、黄河污染物输移扩散及生态系统需水规律等自然规律还没有被充分认识,基础研究和应用研究尚不能满足对治黄的科技支撑,因此应本着"需求牵引、应用至上"的原则,加强基础和应用基础研究,力争获得一批原创性重大成果,为加快构建和完善水沙调控体系、防洪减淤体系、水资源统一管理和综合调度体系、水质监测保护体系、水土保持拦沙体系,维持黄河健康生命提供理论及技术支持。

## 6.1.1 构建和完善水沙调控及防洪减淤体系的需求

黄河问题的关键在于水沙关系不协调,水沙关系不协调主要表现在两个方面:一方面表现为洪水期给河道两岸造成巨大的灾害;另一方面表现为小水带大沙、主槽淤积萎缩,构建水沙调控体系,塑造协调水沙关系,对防止洪水灾害,减缓水库河道淤积具有十分重要的意义。

(1)控制大洪水,确保防洪安全。目前黄河下游已初步形成了以小浪底水库为主的防洪减淤工程体系,黄河下游稀有洪水得到了有效控制,黄河下游水沙及主槽萎缩形势得到了明显改善,河床淤积在一定时期内得到了缓解。但是,小浪底水库投入运用后,花园口水文站百年一遇洪峰流量仍可达到 15 700 $m^3/s$,尽管这类大洪水或特大洪水发生的概率小,但能量大,破坏性强,仍然可对两岸特别是滩区经济发展造成很大的威胁。控制洪水过程,确保防洪安全,必须以黄河洪水泥沙演进规律为基础,制订科学的防洪运用方案,提出相应的应对措施。黄河水沙演进规律十分复杂,近一阶段黄河下游滩区建设发展迅速,滩区地形变化很大,与以前相比,洪水演进过程将有很大差异。另外,黄河下游高村以上游荡性河道河势演变规律、河床冲淤规律等方面的研究,还远不能满足洪水演进预测、预警等方面的要求,需进一步深入研究。

(2)调控中常洪水,努力塑造与维持中水河槽。连续 6 年的调水调沙后,尽管黄河下游河道主河槽最小平滩流量由 1 800 $m^3/s$ 提高到了 3 720 $m^3/s$,但是主槽排洪能力仍然很低,

黄河下游孙口水文站 3 000 m³/s 流量相应的水位较 1996 年低
0.4 m 左右,若发生 1996 年 8 月洪水甚至中小洪水仍有可能给
两岸造成较大的灾害。另外,黄河下游"悬河"、"二级悬河"的
形势仍很严峻,中等洪水时极易出现"横河、斜河、滚河"。洪水
漫滩时,较大的横比降易使洪水对大堤形成冲击或顺堤行洪,甚
至造成大堤的冲决。因此,维持一定的主槽规模,减缓"二级悬
河"态势对防止中等洪水致灾十分重要。需进一步研究黄河洪
水塑槽规律、滩槽冲淤发展规律、"二级悬河"演变规律等,提出
适宜的塑槽水沙过程,进一步增大主槽过流能力。

　　(3)构建水沙调控体系,塑造协调水沙关系。小浪底水库
转入正常期运用后,其拦沙作用逐渐减弱,但是黄河下游来沙量
仍然很大,根据规划在 2030 年水平,年均来沙量仍可达 9 亿 t。
即使考虑南水北调西线工程生效以后,黄河下游来水量不可能
明显增加,规划在 2030 年水平仍维持在 300 亿 m³ 左右。因此,
黄河下游水少沙多的问题将仍然存在。研究系统的水沙联合调
控理论,构建以小浪底水库为主的水沙调控体系,通过干支流水
库的组合调度,塑造相对协调的水沙关系是减少河道淤积、增大
河道输沙的有效措施,可有效缓解水沙关系不协调的形势。深
入研究黄河水沙搭配关系特别是研究考虑泥沙级配的黄河冲淤
临界水沙关系,可为水沙调控体系的构建和科学运用提供科技
支撑及具体运用指标。

　　(4)延长小浪底水库使用寿命,长期发挥调水调沙作用。
对塑造黄河下游协调的水沙关系、减少河道淤积具有十分重要
的作用。但是,小浪底水库拦沙库容有限,约为 100 亿 t。目前,
小浪底水库已拦沙约 20 亿 t,拦沙库容逐渐减少。因此,进一步
研究小浪底水库异重流塑造和运行规律、水库明流排沙和降水
冲刷规律、库区泥沙启动技术、水沙调控技术等,在塑造黄河下
游水沙关系的同时,加大水库排沙特别是排放细泥沙力度,对延

长小浪底水库拦沙寿命,长期发挥高效的调水调沙作用,以达到减少河道和水库泥沙淤积,具有重要的意义。

(5)塑造宁蒙河道中水河槽,确保防凌防洪安全。目前,内蒙古河段的河槽过流能力较 1986 年平均降低 70%~80%,平滩流量多在 1 500 m³/s 以下。汛期及凌汛期,水位壅高严重,开河时由于流凌、冰塞及流量增加,水位会进一步升高,造成黄河大堤在防凌期偎水,极易出现重大险情。因此,迫切需要开展该河段和谐水沙关系的研究,研究提出塑造一定主槽规模的水沙条件,并利用水库调控水沙过程,逐步提高主槽平滩流量。

## 6.1.2 构建和完善水资源统一管理和综合调度体系的需求

自 1999 年黄委根据国务院授权对黄河流域实行水资源统一管理和水量统一调度以来,通过法规建设、健全管理体制与机制、强化用水管理、实施远程监控等多种措施,在有关方面的通力配合下,实现了黄河连续 8 年不断流,确保了供水安全,黄河水资源支撑的生态系统日趋恶化的趋势得以遏制。但是现阶段的黄河不断流还只是较低水平的不断流,尚达不到功能性的目的要求。建设生态文明对黄河水量调度提出了更高的要求,需要通过研究黄河生态调度指标,完善黄河干流和重点支流水资源预测预报系统、引用水动态监测评估反馈体系及水量调度决策支持系统等,构建和完善水资源统一管理和综合调度体系,实现从目前较低水平的不断流向功能性不断流的根本转变。

(1)研究黄河功能性需水研究,提出黄河生态调度指标。黄河功能性需水主要包括经济用水、输沙用水、生态用水和稀释用水四个方面。黄河功能性不断流是水文断面下泄水量能够满足其下游各项需水的总量和过程。需要研究在确保生活用水的基础上,满足维持主河槽不萎缩需要的输沙用水要求、对入河污染物的稀释用水要求、河道及河口生态系统良性循环需要的水量及其过程要求,系统耦合分析四个用水指标,提出耦合水量数值及其过程。最大限度地满足工农业经济发展用水要求,保障黄河及相关地区的供水安全、经济发展用水安全、生态用水和长远防洪安全。

(2)完善引用水动态监测评估反馈体系,实施科学配水。黄河国民经济用水主要为农业用水,深入研究宁蒙灌区和下游引黄灌区用水规律,对于优化黄河水资源配置具有重要意义,但限于灌区土壤墒情、蒸散发和作物生长期有效降雨的监测站网布局及监测手段的不足,不能及时准确预估灌区最佳灌溉时机、灌溉水量和灌溉过程等监测信息,导致农业灌溉配水缺乏科学性和主动性,难以合理确定生态需水指标。另外,由于监测设备及技术的限制,还不能对引黄涵闸水量变化实现在线准确计量,影响了水量调度指令执行力度。因此,加快完善引用水动态监测评估反馈体系,强化对灌区土壤墒情、蒸散发、作物生长期有效降雨及涵闸引水的科学监测。

(3)完善水量调度决策支持系统,进一步提高水量调度精细化水平。虽然研制开发了黄河干流三门峡以下河道枯水调度模型,在黄河干流水资源统一管理调度中发挥了重要作用,但模型主要基于统计学方法和神经网络技术等构建,外延性不足,另外还缺乏河口镇—三门峡区间枯水调度模型。由于对支流用水规律研究的不足,还没有建立支流流量演进模型,难以完全满足精细调度的要求,制约了黄河干支流水资源统一管理调度的科学实施,因此需要进一步研究人类活动和气候变化影响下的流域产水、用水规律、河道枯水演进规律,改进枯水调度模型,完善水量调度决策支持系统。

### 6.1.3 构建水资源保护监测体系及河流生态保护和修复的需求

　　流域人口增加和经济高速发展与低水平的污染控制能力,是黄河污染问题的主要根源,而流域水资源匮乏所造成的河流水环境和水生态的低承载水平,是黄河水环境易受污染和河流生态系统失衡问题突出的重要原因。目前,黄河流域水污染严重,生态环境脆弱,黄河水资源保护形势依然严峻。今后应该通过深入开展污染物输移扩散规律、泥沙影响的水环境变化规律等研究,加快污染物输移扩散数学模型研发,切实提升水质预警预报能力,为提高突发性水污染事件处理能力提供技术支持。目前,流域生态保护环节非常薄弱,急需加强流域水资源开发的生态响应关系、生态需水机理、流域生态补偿及水生态与水环境承载能力优化、流域生态监测技术等研究,支撑河流生态系统良性维持。

　　(1)构建流域水质应急管理体系,保证黄河水质安全。近年来黄河流域水污染问题仍非常突出,突发性水污染事件时有发生,对黄河人居用水安全构成了威胁,虽然流域机构已初步形成了突发性水污染事件的应急反应机制,成功处理了多起突发性水污染事件,发挥了在处理水污染事件中的协调作用,但应对突发性水污染影响的技术手段和能力仍然不够,其中水质预警技术能力的限制是一个重要原因。目前虽已经在小浪底以下河段分阶段建立了经验相关和一维水质模型,但由于对污染物迁移转化规律的认识有限,水沙动力学和水质模型也尚未实现有效耦合,一些重要的骨干水库和污染严重的上中游河段预警预报水质模型尚未研发。近期应在黄河下游突发性水污染预报模型研发的基础上,研究并揭示重点研究河段污染源输入与河流水质的响应关系,强化典型污染物迁移转化规律及水质数学模型的研发工作,尤其是水库污染物时空分布规律的研究和水污染物环境行为的数值模拟,探讨库区拦蓄和滞留污染物的时空分布及工程调度对下游的影响,建立基于控制性水工程调度条件的黄河干流重要河段主要水污染物的输移模型及水质预报技术,为快速准确的水质预警预报,提高突发性水污染事件应急处理能力及流域供水安全提供技术保障。

(2)构建水质保护监测体系,提高水资源保护监督及管理能力。水质监测是水资源保护的基础性工作,目前流域机构已在黄河上中下游构建了水质监测站网,基本形成了固定监测、自动监测、移动巡测相结合的监测体系,但快速监测、应急能力以及自动化水平还不能满足水资源保护监督及管理的要求,基层站网有毒有机物及重金属监测技术能力不够。近期应根据黄河水资源管理和保护的要求,针对黄河高含沙水体耗氧污染物和持久性有毒有机污染物的检测干扰影响,开展黄河多沙水体水质监测关键技术,提高监测的时效性和精度,构建较为完善的水资源保护监测体系,以对流域水资源保护及监督管理提供技术支持。目前,黄河流域还没有构建生态监测体系,不掌握流域生态本底数据,尚无有效的技术手段获取流域内水资源变化所对应的生态演变及其趋势,应加快黄河流域生态监测技术研究及体系建设。

(3)保证河道内生态水量需求,修复与保护河流生态系统。水是生态环境变化的主导因子,水资源的支撑条件对河流生态系统保护及维持河流健康生命至关重要。20 世纪 90 年代由于黄河水资源的过度开发,对下游河道及周边生态系统产生了较大的影响,出现了诸如河道频繁断流、水质恶化、河道及湿地萎缩、鱼类产卵场退化等一系列生态问题。要解决上述问题,需要从水资源的可支撑条件出发研究维持河流关键性物种生境保护的生态水需求,但以往的研究大多采用传统的水力学或生态学计算方法,对单一生态目标的需水进行研究,往往忽视河流生态单元的连通和河流生态系统的稳定和对系统完整性保护,难以协调流域层面上多环境目标的系统研究和保护。为此要从河流景观生态学的角度,研究河流生态系统景观尺度的整体修复和保护,分析河流复合生态系统的良性发育条件及水文需求过程。近期要围绕实现黄河功能性不断流和水质不超标的目标,研究流域水资源变化的生态响应关系,以河流多环境目标的系统保护及代表性生态单元生境需水的维持为前提,强化保护目标和生境系统需水的机理、规律方面的研究,探讨河流保护目标系统综合性需水规律与河流水文保证条件和流量过程的响应关系。

(4)建立流域生态补偿机制,优化水生态与水环境承载能力。黄河突出的水资源供需矛盾以及黄河上下游尖锐的资源生态和环境承载能力不均衡性,决定了在黄河流域研究和实施流域生态补偿的紧迫感与重要性的意义。流域生态补偿方法和机制的研究与建立,对资源容量的经济核算、解决跨界水资源的利用与水资源污染的恢复、发挥水生态功能价值,以及实现流域的可持续管理有极为重要的意义。水生态及水环境承载力是流域经济与环境协调发展的重要指标,也是水资源开发利用的限制性指标。目前,黄河水环境各单要素承载的研究已经取得了一定进展,今后应从系统的层面整体研究水生态环境的复合承载力,通过建立表征水生态及环境承载状态的指标体系,发展定量评价水生态及环境系统承载状态的方法和模式,指导控制和调控环境承载的行动方向。结合生态学,发展以水文物质循环为框架的水环境承载状态分析模型,构建水资源的环境和生态优化体系,实现水量水质的综合性联合调度。近期要围绕水功能区和水域纳污能力资源的调控和配置,耦合水资源配置的水环境与生态保护复合承载能力,研究水量调度条件下的纳污能力资源核定与配置,优先提出持久性有毒有机污染物的迁移影响和控制问题。

(5)合理开发黄河水利水电资源,减少大坝的生态影响。近年来黄河上中游水利水电工程建设累积生态效应的逐渐显现,已被广为关注和重视。以维持黄河健康生命为目标,研究黄河主要保护性湿地、鱼类产卵场等主要生态敏感目标的分布及对水文情势和水量过程的需求,水利水电工程建设所造成的径流变化对水生态系统及生物多样性的影响,大坝拦截与调蓄对流域下游湿地生态系统及濒危、土著鱼类栖息地生境的影响,流域梯级开发的累积效应,探讨失衡河流生态系统的修复与重建。近期要针对黄河重要生态保护目标的识别、栖息地生境保护和修复等问题,研究上游水利水电梯级开发河段因水资源时空分布改变可能产生的物种及生物多样性影响,以指导今后水利工程开发及建设实践。

## 6.1.4　构建和完善水土保持拦沙体系的需求

多年的研究和实际测验表明,直径大于 0.05 mm 的泥沙,是造成下游河道淤积的主要成分,其中直径大于 0.10 mm 的泥沙在下游河道的淤积比超过 80%。黄河粗泥沙主要集中在黄土高原 7.86 万 km² 多沙粗沙区,近期进一步界定了 1.88 万 km² 的粗泥沙集中来源区。构建和完善水土保持拦沙体系,加大粗泥沙集中来源区的治理力度,可有效减少进入黄河的粗泥沙,对减缓水库淤积,遏制河道主槽萎缩,防止洪水灾害具有十分重要的意义。

(1)优化治理措施配置,构建泥沙防御系统。针对不同地区的侵蚀强度及下垫面土壤结构等情况采用不同的治理方案,构筑由淤地坝、骨干坝和大型控制坝组成的立体泥沙防御系统,是拦截粗泥沙的有效举措。但是黄土高原地区水土流失成因复杂,相同因子在不同水土流失类型区对侵蚀产沙的贡献也不同,为满足构建泥沙防御系统的需求,应深入研究不同被覆条件下土壤侵蚀过程与机理、沟道及坡面系统侵蚀规律、水保措施作用机理、小流域坝系安全稳定条件及可持续利用等方面的研究,提出粗泥沙集中来源区各种治理措施的优化配置模式,提高拦减粗泥沙效率。

(2)科学评估水土保持效益,合理配置水土保持措施。水土保持治理蓄水减沙效益评价预测是合理制订水土保持治理方案,了解水沙变化趋势的重要基础性工作。关于黄土高原水土保持治理对水沙变化的影响及其评估方法已开展了大量的研究工作,取得了一些初步成果。但由于目前的试验观测资料、试验观测方法和试验观测内容没有考虑到建立水土保持治理减水减沙效益评价观测方法的需要,使得出的黄土高原水土保持的减沙作用和效果同样也一直存在着不同的看法和认识。首先,在预测流域综合治理蓄水减沙效益时,还难以考虑不同类型措施组合、各类措施空间不同分布的效应差异,基本上是按不同类型措施的效应进行线性叠加计算的,应通过对措施组合效应的试验研究加以改进。其次,效益计算中的尺度转换问题十分突出,需在野外开展标准小区和全坡面的径流侵蚀对比试验。同时开展室内概化小流域试验,进行更大尺度的对比观测,从而找出不同尺度之间的关系。再次,水土保持综合治理措施减轻沟蚀的作用计算问题仍未解决,需要开展坡—沟系统的侵蚀试验观测。

(3)研究黄土高原水土流失规律,构建土壤侵蚀模型。黄土高原水土流失数学模型的研发是黄土高原水土流失治理及流域管理、黄河水沙调控等重大治黄实践的需求,通过构建基于3S技术以流域模拟为单元的黄土高原水土流失分区数学模型体系,可以为提高治黄科技含量、实现治黄现代化提供科技支撑条件平台。现有的数学模型大多移用或借鉴欧美国家根据坡面观测小区和小流域观测参数率定出的水土流失数学方程,且缺少能有效模拟重力侵蚀的控制方程,难以较好地反映黄土高原水土流失规律,并且模型多是在其特定条件下、有限的数据范围内或小流域基础上建立的,制约了在黄土高原地区更大尺度范围内的推广应用。因此,需要加强对坡面径流产沙的水力过程、坡沟系统侵蚀产沙机制及其耦合关系等内容的精细试验观测,深入研究糙率、摩阻系数、泥沙输移比等建模关键物理参数,开发适合黄土高原特点的的土壤侵蚀产沙数学模型。

## 6.2　建立健全治黄科技管理及创新体系的需求

要进一步强化优势学科、发展基础学科、培育涉及民生水利的新兴学科和交叉学科,优化人才结构,发展壮大科研创新群体,完善科研基础条件平台,实现资源共享和管理创新,推动黄河流域科技创新平台和体系建设,努力构建学科特色突出、人才结构合理、基础条件平台完善的黄河流域科技创新(平台)中心。

### 6.2.1　稳步推进流域科技创新(平台)中心创建

紧密围绕治黄重大需求,从流域层面,建设黄河流域科技创新(平台)中心,构建基础科研条件完善、专业布局优化、学科结构合理、人员精干高效、具有先进水平的治黄科学研究与技术开发体系。

要依托黄河水利委员会科技推广中心,建立并完善高质量的科技推广和高效率的科技管理机制。

### 6.2.2　完善布局,开展学科体系建设

以黄河泥沙研究为中心,水土保持、堤防工程安全、水库减淤关键技术为重点,力争在河床演变规律与河流模拟、土壤侵蚀

机理及土壤侵蚀模拟、堤防安全与病害防治技术研究、水库减淤领域占据科技制高点;促进水资源与水生态、防汛抢险与水工程管理、工程力学、引黄灌溉节水技术、模型试验测控技术等学科和领域的应用基础与应用技术研究;培育泥沙资源化、治黄战略研究、河流健康修复、农业水土环境等新的交叉研究领域。形成重点突出、优势显著、特色鲜明的学科体系。

## 6.2.3 大力培育科研团队

积极培育和创建人才结构合理、创新能力强、团结协作、运行高效的黄河泥沙研究、水沙调控技术研究、河流健康修复研究、土壤侵蚀水土流失研究、水沙数学模拟系统研发、水工程管理、堤防安全与病害防治技术研究等创新团队,基本形成一支在国内外有一定影响的一流黄河科研专家队伍。

## 6.2.4 全力推动重点实验室和工程中心建设

完善"水利部黄河泥沙重点实验室"、"水利部堤防安全与病害防治工程技术研究中心"建设,争取"黄土高原水土流失过程与环境治理重点实验室"、"水利部防汛抢险与堤防养护设备工程技术研究中心"等批准建设,建立黄委水库调度工程技术研究中心。

## 6.2.5 努力争取完善科研基础设施

争取"模型黄河"沙门试验基地规划的相关模型及其试验厅、基础配套设施建设,开展部分模型试验厅(场)及基础配套设施建设。

## 6.2.6 积极开展机制与文化建设

探索和完善流域机构现代水利科研机制和文化建设,构建鼓励和支持自主创新的良好环境,实现科技创新、机制创新、管理创新"三位一体",建立"开放、流动、竞争、协助"运行机制,形成"科学、民主、创新、超越"治黄科研文化。

# 附　表

## 附表 1　国家科技支撑计划

| 课题编号 | 课题名称 | 课题承担单位 | 国拨经费（万元） | 课题负责人 | 起止时间（年-月） |
|---|---|---|---|---|---|
| 2004BA610A – 03 | 维持黄河下游排洪输沙基本功能的关键技术研究 | 黄河水利科学研究院 | 400.00 | 姚文艺 | 2004-04 ~ 2005-12 |
| 2006BAB06B01 | 黄河流域水沙变化情势评价研究 | 黄河水利科学研究院 | 235.00 | 姚文艺 | 2006-11 ~ 2008-12 |
| 2006BAB06B02 | 基于 GIS 的黄河水沙输移模拟系统研发 | 黄河水利科学研究院 | 250.00 | 余欣 | 2006-11 ~ 2008-12 |
| 2006BAB06B03 | 黄河泥沙空间优化配置技术与模式研究 | 中国水利水电科学研究院 | 260.00 | 胡春宏 | 2006-11 ~ 2008-12 |
| 2006BAB06B04 | 维持黄河主槽不萎缩的水沙条件研究 | 清华大学 | 235.00 | 吴保生 | 2006-11 ~ 2008-12 |
| 2006BAB06B05 | 黄河中下游水沙调控关键技术研究 | 黄河水利科学研究院 | 225.00 | 张金良 | 2006-11 ~ 2008-12 |
| 2006BAB06B06 | 黄河水资源管理关键技术研究 | 中国水利水电科学研究院 | 255.00 | 贾仰文 | 2006-11 ~ 2008-12 |
| 2006BAB06B07 | 黄河生态系统保护目标及生态需水研究 | 北京师范大学 | 270.00 | 杨胜天 | 2006-11 ~ 2008-12 |
| 2006BAB06B08 | 黄河健康修复目标及对策研究 | 黄河水利科学研究院 | 230.00 | 刘晓燕 | 2006-11 ~ 2008-12 |
| 2006BAB04A06 | 西线超长隧洞 TBM 施工关键技术问题研究 | 黄河勘测规划设计有限公司 | 700.00 | 景来红 | 2006-12 ~ 2009-12 |

附表 2　"黄河联合研究基金"重点项目

| 序号 | 项目名称 | 完成时间（年-月） | 项目批准号 | 承担单位 | 资助金额（万元） | 项目负责人 |
|---|---|---|---|---|---|---|
| 1 | 基于气候地貌植被耦合的黄河中游侵蚀过程 | 2003-01～2006-12 | 50239080 | 中国科学院地理科学与资源研究所、黄河水利科学研究院、北京大学 | 150 | 许炯心 |
| 2 | 水沙变异条件下黄河下游河道再造床机理及调控对策研究 | 2003-01～2006-12 | 50239040 | 黄河水利科学研究院、中国水利水电科学研究院、清华大学、武汉大学 | 150 | 李文学 |
| 3 | 黄河流域典型支流水循环机理研究 | 2003-01～2006-12 | 50239050 | 黄河水文水资源科学研究所、中国科学院地理科学与资源研究所、中国水利水电科学研究院 | 140 | 王玲 |
| 4 | 宁蒙河套灌区水平衡机制及耗水量研究 | 2003-01～2006-12 | 50239090 | 中国水利水电科学研究院、黄河水利科学研究院、武汉大学 | 140 | 阮本清 |
| 5 | 黄河典型污染物迁移转化规律 | 2003-01～2006-12 | 50239010 | 北京师范大学、北京大学、黄河水利科学研究院 | 110 | 王金生 |
| 6 | 黄河兰州段典型污染物迁移转化特性及承纳水平研究 | 2003-01～2006-12 | 50239060 | 南开大学、黄河水资源保护科学研究所 | 90 | 戴树桂 |
| 7 | 黄河下游河道整治约束机制及调控效应 | 2004-01～2007-12 | 50339020 | 黄河水利科学研究院、清华大学 | 150 | 张俊华 |
| 8 | 新的水沙条件下黄河口演变与整治及水土资源优化配置研究 | 2004-01～2007-12 | 50339050 | 中国水利科学研究院泥沙所、黄河水利科学研究院、中国科学院海洋研究所 | 150 | 张世奇 |
| 9 | 黄河中下游泥沙输移及二维模型研究 | 2005-01～2007-12 | 50430142 | 中国水利水电科学研究院、黄河水利科学研究院 | 170 | 韩其为 朱庆平 |

## 附表 3 "黄河联合研究基金"面上项目

| 序号 | 项目名称 | 完成时间（年-月） | 项目批准号 | 承担单位 | 资助金额（万元） | 项目负责人 |
|---|---|---|---|---|---|---|
| 1 | 黄河下游洪水高效输沙过程机理研究 | 2003-01~2005-12 | 50279009 | 黄河水利科学研究院 | 23 | 姜乃迁 |
| 2 | 近500年黄河上游天然径流量序列重建与变化趋势研究 | 2003-01~2005-12 | 50279010 | 黄河水利科学研究院 | 23 | 康玲玲 |
| 3 | 基于GIS的有物理基础的分布式降水径流模型研究 | 2003-01~2005-12 | 50279034 | 武汉大学水利水电学院 | 26 | 李兰 |
| 4 | 在实时洪水预报中采用雷达测雨的关键技术 | 2003-01~2005-12 | 50279006 | 河海大学 | 26 | 李致家 |
| 5 | 关中灌区耗水量与区域水平衡关系对黄河径流影响的研究 | 2003-01~2005-12 | 50279042 | 西北农林科技大学 | 23 | 粟晓玲 |
| 6 | 基于中间件系统服务平台的水资源调度管理模式研究 | 2003-01~2005-12 | 50279041 | 西安理工大学 | 24 | 解建仓 |
| 7 | 陕北多沙粗沙区聚落发展的土壤侵蚀效应及防治对策研究 | 2003-01~2005-12 | 50279019 | 陕西师范大学 | 25 | 甘枝茂 |
| 8 | 基于河势稳定原理的黄河游荡性河道整治机制研究 | 2004-01~2006-12 | 50379016 | 黄河水利科学研究院 | 24 | 姚文艺 |

续表 3

| 序号 | 项目名称 | 完成时间<br>（年-月） | 项目<br>批准号 | 承担单位 | 资助<br>金额<br>（万元） | 项目<br>负责人 |
|---|---|---|---|---|---|---|
| 9 | 黄河封冻区冰盖下流凌量地电测试与智能反演技术 | 2004-01 ～ 2006-12 | 50379036 | 天津师范大学城市与环境科学学院 | 21 | 丛沛桐 |
| 10 | 挟沙水流的动理学模型及应用研究 | 2004-01 ～ 2006-12 | 50309007 | 清华大学水利系 | 23 | 傅旭东 |
| 11 | 黄河游荡型河段水沙数学模型研究 | 2004-01 ～ 2006-12 | 50379038 | 武汉大学水利水电学院 | 34 | 李义天 |
| 12 | 黄河中游水库泥沙淤积的三维数值模拟方法研究 | 2004-01 ～ 2006-12 | 50379027 | 南京水利科学研究院河港研究所 | 21 | 陆永军 |
| 13 | 水库运用及河道整治对黄河下游河型变化的影响 | 2004-01 ～ 2006-12 | 50379017 | 清华大学水利系 | 27 | 吴保生 |
| 14 | 基于 GIS 和 DEM 的二维洪水计算方法研究 | 2004-01 ～ 2006-12 | 50379048 | 郑州大学环境与水利学院 | 25 | 张成才 |
| 15 | 滩地坝泥沙沉积与侵蚀产沙耦合关系引进 | 2005-01 ～ 2007-12 | 50475968 | 黄河水利科学研究院 | 23 | 李勉 |

续表 3

| 序号 | 项目名称 | 完成时间（年-月） | 项目批准号 | 承担单位 | 资助金额（万元） | 项目负责人 |
|---|---|---|---|---|---|---|
| 16 | 黄河粗沙区沙棘柔性坝水保效应原型试验与数学模拟 | 2005-01~2007-12 | 50475987 | 西安理工大学 | 25 | 李怀恩 |
| 17 | 多沙河流实体模型表面流场河势测试理论与分析技术研究 | 2005-01~2007-12 | 50476003 | 河海大学 | 27 | 唐洪武 |
| 18 | 流域水沙资源优化配置（调控）的理论及在黄河下游的应用 | 2005-01~2007-12 | 50476023 | 中国水利水电科学研究院 | 27 | 胡春宏 |
| 19 | 黄河根石探测的声波相控方法和关键技术研究 | 2005-01~2007-12 | 50476036 | 天津大学 | 24 | 沈建国 |
| 20 | 复杂水资源系统的演化动力机制及整体模型研究 | 2005-01~2007-12 | 50400002 | 清华大学 | 25 | 赵建世 |
| 21 | 基于物理过程的重金属污染物迁移转化和归宿数值模拟 | 2005-01~2007-12 | 50471826 | 南开大学 | 26 | 黄岁樑 |
| 22 | 黄河下游滩岸侵蚀机理与数值模拟研究 | 2005-01~2007-12 | 50400003 | 清华大学 | 23 | 夏军强 |

附表 4　水利公益性行业科研专项经费项目

| 序号 | 任务书编号 | 项目名称 | 项目承担单位 | 负责人 | 起止年限（年-月） | 国拨经费（万元） |
|---|---|---|---|---|---|---|
| 1 | 200701007 | 利用桃汛洪水冲刷降低潼关高程试验研究 | 黄河水利科学研究院 | 侯素珍 | 2007-10～2009-12 | 330 |
| 2 | 200701019 | 黄河干流控制性工程对河道生态系统的影响及生态调度研究 | 黄河水利科学研究院 | 蒋晓辉 | 2007-10～2009-10 | 253 |
| 3 | 200701020 | 黄河宁蒙河段主槽淤积萎缩原因及治理措施和效果研究 | 黄河勘测规划设计有限公司 | 张厚军 | 2007-08～2010-07 | 282 |
| 4 | 200701022 | 中国堤防工程管理信息系统开发与关键技术研究 | 黄河水利科学研究院 | 常向前 | 2007-12～2009-12 | 284 |
| 5 | 200701023 | 黄河下游坝岸工程安全监测技术研究与应用 | 河南黄河河务局 | 周海燕 | 2007-10～2009-12 | 412 |
| 6 | 200701027 | 黄河河口数学模拟系统关键技术研究 | 黄河水利科学研究院 | 王万战 | 2007-07～2009-12 | 263 |
| 7 | 200701030 | 基于 3S 技术的黄河河口遥感观测分析系统研究 | 山东黄河河务局 | 赵世来 | 2007-10～2009-12 | 255 |
| 8 | 200701032 | 水库异重流测验整编技术规程研究 | 黄委水文局 | 李世举 | 2007-08～2008-12 | 116 |

续附表 4

| 序号 | 任务书编号 | 项目名称 | 项目承担单位 | 负责人 | 起止年限<br>（年-月） | 国拨经费<br>（万元） |
|---|---|---|---|---|---|---|
| 9 | 200701035 | 黄土高原多沙粗沙区产水产沙模型研究与应用 | 黄河水利科学研究院 | 姚文艺 | 2007-10～2009-12 | 244 |
| 10 | 200701036 | 黄河中下游中常洪水水沙风险调控关键技术研究 | 黄河水利科学研究院 | 李勇 | 2007-12～2010-12 | 201 |
| 11 | 200701040 | 小浪底库区泥沙启动、输移方案比较研究 | 黄河水利科学研究院 | 江恩惠 | 2007-10～2009-10 | 356 |
| 12 | 200701042 | 小流域坝系监测评价技术研究 | 黄河上中游管理局 | 何兴照 | 2007-07～2010-07 | 304 |
| 13 | 200701044 | 小浪底水库运用方式对高滩深槽塑造及支流库容利用研究 | 黄河勘测规划设计有限公司 | 李文学 | 2007-08～2010-07 | 243 |
| 14 | 200701047 | 黄河下游移动式不抢险潜坝应用研究 | 河南黄河河务局 | 耿明全 | 2007-10～2009-10 | 274 |
| 15 | 200801024 | 小浪底水库蓄水期高效输沙关键技术研究 | 黄河水利科学研究院 | 马怀宝 | 2008-08～2011-08 | 365 |
| 16 | 200801059 | 堤防工程病害诊断关键技术研究 | 黄河水利科学研究院 | 冷元宝 | 2008-08～2011-08 | 322 |

**续附表 4**

| 序号 | 任务书编号 | 项目名称 | 项目承担单位 | 负责人 | 起止年限（年-月） | 国拨经费（万元） |
|---|---|---|---|---|---|---|
| 17 | 200901014 | 黄河下游局部河段淤沙及调整驼峰段关键技术 | 中国水利水电科学研究院 | 陈建国 | 2009-11～2012-12 | 232 |
| 18 | 200901015 | 小浪底水库淤积形态的优选与调控 | 黄河水利科学研究院 | 张俊华 | 2009-11～2012-12 | 242 |
| 19 | 200901016 | 黄河吴龙区间主要站洪水含沙量过程预报技术 | 黄委水文局 | 瞿世青 | 2009-12～2012-11 | 226 |
| 20 | 200901017 | 黄河中下游洪水泥沙分类管理及效果评价 | 黄河勘测规划设计有限公司 | 刘继祥 | 2009-10～2012-09 | 226 |
| 21 | 200901018 | 基于滩涮槽的黄河下游洪水泥沙调控技术 | 华北水利电学院 | 孙东坡 | 2009-11～2012-12 | 161 |
| 22 | 200901019 | 黄河河龙间重点支流径流锐减成因及对策研究 | 清华大学 | 张学成 | 2009-11～2012-12 | 270 |
| 23 | 200901020 | 黄河干支流重要河段功能性不断流指标研究 | 黄河流域水资源保护局 | 黄锦辉 | 2009-10～2012-09 | 398 |
| 24 | 200901021 | 黄河灌区引黄用水需求研究 | 黄河水利科学研究院 | 程献国 | 2009-11～2012-10 | 428 |
| 25 | 200901022 | 泾渭河下游径流预报与干旱监测技术研究 | 黄委水文局 | 赵卫民 | 2009-12～2012-11 | 313 |

续附表 4

| 序号 | 任务书编号 | 项目名称 | 项目承担单位 | 负责人 | 起止年限（年-月） | 国拨经费（万元） |
|---|---|---|---|---|---|---|
| 26 | 200901023 | 黄河下游水污染应急调度关键技术研究 | 黄河流域水资源保护局 | 曾永 | 2009-10～2012-09 | 355 |
| 27 | 201001010 | 黄河突发性水污染风险评估及监控技术研究 | 黄河流域水资源保护局 | 渠康 | 2010-09～2013-09 | 399 |
| 28 | 201001011 | 黄河重点水功能区纳污控制技术研究 | 黄河流域水资源保护局 | 宋世霞 | 2010-09～2013-09 | 340 |
| 29 | 201001012 | 黄河水沙调控体系运行模式及效果评价 | 黄河勘测规划设计有限公司 | 王煜 | 2010-10～2013-09 | 294 |
| 30 | 201001013 | 基于龙刘水库的上游库群调控方式优化研究 | 黄河水利科学研究院 | 张晓华 | 2010-10～2013-09 | 365 |
| 31 | 2011332008 | 小浪底污染物时空分布规律及出库水质预测 | 黄河水利科学研究院 | 肖翔群 | 2011-01～2013-12 | 430 |
| 32 | 2011332012 | 黄河重点水源地水污染生物指示技术研究 | 黄河流域水资源保护局 | 王丽伟 | 2011-01～2013-12 | 332 |
| 33 | 2011332010 | 基于河道减淤和泥沙配置的河口水沙调控技术 | 黄河河口研究院 | 程义吉 | 2011-01～2013-12 | 420 |
| 34 | 2011332011 | 高含沙"揭河底"冲刷期三小联合调度模式 | 黄河水利科学研究院 | 曹永涛 | 2011-01～2013-12 | 350 |

**附表 5　现代水利科技创新项目——"黄河健康生命指标体系研究"**

| 序号 | 专题名称 | 承担单位 | 国拨经费（万元） |
|---|---|---|---|
| 1 | 黄河下游主槽的合理形态指标研究 | 黄河水利科学研究院 | |
| 2 | 黄河宁蒙河段主槽的合理形态指标及其所需流径条件研究 | 黄河水利科学研究院 | 40 |
| 3 | 黄河下游二级悬河控制指标研究 | 黄河水利科学研究院 | 10 |
| 4 | 黄河干流输沙需水研究 | 黄河水利科学研究院 | 100 |
| 5 | 黄河生态系统修复目标及相应径流条件研究 | 黄河水利科学研究院 | 38 |
| 6 | 黄河生命需水研究 | 黄委水文局 | 23 |
| 7 | 黄河干流水质目标及相应自净需水研究 | 黄河流域水资源保护局 | |
| 8 | 黄河健康生命需水耦合及健康指标体系研究 | 黄河水利科学研究院 | 89 |

附表 6　引进国际先进农业科学技术项目("948"计划)

| 序号 | 项目名称 | 编号 | 执行单位 | 引进国别 | 引进经费(万美元) | 配套经费(万元) | | 起止时间(年-月) |
|---|---|---|---|---|---|---|---|---|
| | | | | | | 中央 | 地方 | |
| 1 | 坝岸工程水下基础探测技术 | 965130 | 黄河勘测规划设计有限公司 | 美国 | 13.855 | 30 | 37.9 | 1996-08~2000-08 |
| 2 | 高吸水性材料制造的关键技术 | 975141 | 黄河水利科学研究院 | 瑞士 | 25.6 | 10.0 | 70.0 | 1997-07~2001-07 |
| 3 | 水土保持良植物引进 | 975143 | 黄河上中游管理局 | 美国 | 12.8 | 4.9 | 30 | 1997-08~2001-08 |
| 4 | 黄土高原严重水土流失区生态农业动态监测系统技术引进 | 985104 | 黄河上中游管理局 | 美国 | 50 | 25 | 425.6 | 1998-06~2001-08 |
| 5 | 引进 XL5100(6X4)型堤防除险加固设备及技术 | 985115 | 河南黄河河务局 | 美国 | 28 | 14 | 60 | 2000-01~2001-12 |
| 6 | 激光粒度分析仪推广应用 | 995104 | 黄委水文局 | 英国 | 21.6 | 11 | 30 | 2000-03~2002-03 |
| 7 | 水质自动监测站技术及设备引进 | 995118 | 黄河流域水资源保护局 | 美国 | 49.8 | 25 | 100 | 2000-11~2003-12 |
| 8 | 黄土高原土壤侵蚀预测预报技术的 GIS 系统 | 200129 | 黄河水利科学研究院 | 美国 | 20.5 | 30 | 30 | 2002-08~2005-08 |
| 9 | 黑河水量水质实时监测系统 | 200204 | 黑河管理局 | 美国 | 30 | 40 | 100 | 2002-07~2004-06 |
| 10 | 水质监测实验室自动化改造关键技术引进 | 200205 | 黄河流域水资源保护局 | 美国 | 35 | 70 | 300 | 2002-03~2004-10 |

续附表6

| 序号 | 项目名称 | 编号 | 执行单位 | 引进国别 | 引进经费（万美元） | 配套经费（万元） | | 起止时间（年-月） |
|---|---|---|---|---|---|---|---|---|
| | | | | | | 中央 | 地方 | |
| 11 | 自动化水文测站关键技术 | 200308 | 黄委水文局 | 美国 | 20 | 11 | 119.4 | 2003-06～2005-09 |
| 12 | 南水北调西线工程测量、物探、勘探和信息技术 | 200309 | 黄河勘测规划设计有限公司 | 加拿大瑞士 | 20 | 11.75 | 404.09 | 2003-06～2004-12 |
| 13 | 高含沙大比尺河流动床物理模型高分辨率三维地形激光量测系统引进 | 200404 | 黄河水利科学研究院 | 法国 | 20 | 20 | 29 | 2004-06～2006-12 |
| 14 | "安快坝"应用技术引进 | 200427 | 山东黄河河务局 | 美国 | 5 | 0 | 11 | 2004-06～2006-06 |
| 15 | 全天候水文移动监测技术及设备 | 200529 | 黄委水文局 | 美国 | 20 | 20 | 42 | 2005-06～2007-05 |
| 16 | 在线湿法粒度分析控制及动态颗粒图像分析技术 | 200607 | 黄委水文局 | 德国 | 20 | 20 | 40 | 2006-05～2009-05 |
| 17 | 堤防渗漏与形变在线监测及预警系统关键技术 | 200608 | 黄河水利科学研究院 | 瑞士 | 25 | 30 | 30 | 2006-04～2008-12 |
| 18 | AGI边坡监测系统 | 200708 | 黄河水利科学研究院 | 美国 | 15 | 25 | | 2007-07～2009-12 |
| 19 | 数字防汛移动宽带综合业务平台 | 200707 | 河南黄河河务局 | 美国 | 20 | | | 2007-07～2008-12 |

续附表 6

| 序号 | 项目名称 | 编号 | 执行单位 | 引进国别 | 引进经费（万美元） | 配套经费（万元） 中央 | 配套经费（万元） 地方 | 起止时间（年-月） |
|---|---|---|---|---|---|---|---|---|
| 20 | 水利工程地下岩体综合信息采集关键技术 | 200804 | 黄河勘测规划设计有限公司 | 美国 | 18 | | 60 | 2008-03～2009-12 |
| 21 | 水利水电工程三维设计方法引进、研究与推广 | 200903 | 黄河勘测规划设计有限公司 | 法国 | 100 万元 | | 34 | 2009-09～2011-09 |
| 22 | 在线城市洪涝预测预警及解决方案 | 201004 | 黄河水利科学研究院 | 英国 | 70 万元 | | 0 | 2010-04～2012-12 |
| 23 | 动态泥沙粒形粒度分析技术研究 | 201003 | 黄委水文局 | 德国 | 120 万元 | | 8 | 2010-05～2012-10 |
| 24 | 水利工程智能超站仪与 3G 网络数据处理系统推广与应用 | 201005 | 黄河勘测规划设计有限公司 | 中国 | 80 万元 | | 20 | 2010-04～2012-03 |
| 25 | 水利工程双源勘探新技术引进 | 201131 | 黄河勘测规划设计有限公司 | 美国 | 175 万元 | | 50 | 2011-01～2013-07 |

**附表 7 "948" 计划创新转化项目**

| 编号 | 项目名称 | 合同 | 执行单位 | 配套经费（万元） | | 起止时间（年-月） |
|---|---|---|---|---|---|---|
| | | | | 中央 | 地方 | |
| 1 | 黄河干流水轮机磨蚀与防护技术 | CT200207 | 黄河水利科学研究院 | 15 | | 2003-07～2005-12 |
| 2 | 黄河重点水功能区水环境承载水平及协控能力研究 | CT200333 | 黄河流域水资源保护科学研究所 | 15 | | 2003-07～2005-06 |
| 3 | 黄河流域主要用水区用水规律及高效用水管理技术研究 | CT200328 | 黄河水利科学研究院 | 30 | 30 | 2004-04～2006-04 |
| 4 | 坝岸工程水下基础探测技术创新 | CT200413 | 黄河水利科学研究院 | 30 | 150 | 2004-04～2005-12 |
| 5 | 激光粒度分析仪推广应用技术推广 | CT200416 | 黄委水文局 | 40 | 82 | 2005-03～2007-03 |
| 6 | 黄土高原水土保持遥感监测关键技术研究 | CT200503 | 黄河上中游管理局 | 30 | | 2005-05～2008-12 |
| 7 | 黄河高含沙洪水"揭河底"机理研究 | CT200517 | 黄河水利科学研究院 | 160 | | 2005-05～2008-06 |
| 8 | 激光法与传统法泥沙粒度分析相关关系研究及应用 | 200742 | 黄委水文局 | 30 | | 2007-06～2009-10 |
| 9 | 河南黄河势查勘系统的研制与应用 | 200928 | 河南黄河务局 | 30 | | 2009-03～2010-09 |
| 10 | AGI 边坡监测系统二次开发与推广 | 201124 | 黄河水利科学研究院 | 54 | | 2011-01～2013-12 |

## 附表 8　水利部科技推广计划

| 序号 | 年度 | 项目名称 | 承担单位 | 国拨经费（万元） |
|---|---|---|---|---|
| 1 | 2007 | FD2000 分布式智能堤坝隐患综合探测系统 | 山东黄河河务局 | 10 |
| 2 | 2007 | 数控扭双扣铅（钢）丝网片编织机 | 山东黄河河务局 | 10 |
| 3 | 2007 | 振动式悬移质测沙仪研制 | 黄委黄河水文局 | 10 |
| 4 | 2007 | 水质自动监测技术推广与应用 | 黄河流域水资源保护局 | 50 |
| 5 | 2007 | 人造大块石抢险材料研制技术 | 黄河水利科学研究院 | 50 |
| 6 | 2008 | 实时修正灌溉技术在黄河流域灌区的推广 | 黄河水利科学研究院 | 50 |
| 7 | 2008 | 水环境质量监测关键技术 | 黄河流域水资源保护局 | 45 |
| 8 | 2009 | 大型机械在黄河防洪抢险中的应用研究 | 河南黄河河务局 | 30 |
| 9 | 2009 | 黄河下游水闸系统可靠性评价理论及其应用技术 | 黄河水利科学研究院 | 40 |
| 10 | 2010 | 黄土高原土壤侵蚀预测预报技术 | 黄河水利科学研究院 | 60 |
| 11 | 2010 | 水电站水轮机叶轮空蚀抗空蚀新技术 | 黄河水利科学研究院 | 30 |
| 12 | 2010 | 移动造浆设备充填长管袋技术 | 河南黄河河务局 | 80 |
| 13 | 2010 | 水土保持优良植物栽培种植技术 | 黄委西峰水土保持科学试验站 | 40 |
| 14 | 2010 | 高效抗磨泥浆泵 | 山东黄河河务局 | 100 |
| 15 | 2011 | 黄河冰凌灾害预警预报技术的推广应用 | 黄河水利科学研究院 | 80 |
| 16 | 2011 | 堤防渗漏与形变在线监测及预警技术的推广应用 | 黄河水利科学研究院 | 100 |
| 17 | 2011 | 黄河河道整治工程根石探测新技术应用 | 黄河勘测规划设计有限公司 | 120 |

## 附表 9　科技部农业科技成果转化资金

| 序号 | 年度 | 项目名称 | 承担单位 | 项目负责人 | 国拨资金（万元） |
|---|---|---|---|---|---|
| 1 | 2006 | 黑河下游额济纳地区生态综合整治技术示范推广 | 黄河水利科学研究院 | 陈江南 | 70 |
| 2 | 2007 | 黄河下游滩区新农村建设生态建筑材料技术推广 | 黄河水利科学研究院 | 江恩惠 | 70 |
| 3 | 2008 | 黄河下游引黄灌区农业用水信息交换平台示范 | 黄河水利科学研究院 | 詹小来 | 50 |
| 4 | 2011 | 管桩丁坝修筑技术在保护黄河滩区耕地和村庄中的应用 | 黄河水利科学研究院 | 田治宗 | 60 |
| 5 | 2011 | 干旱区农田覆盖非充分灌溉技术示范与推广 | 黄河水利科学研究院 | 景明 | 60 |

## 附表 10　国家科学技术进步奖获奖成果

| 序号 | 项目名称 | 主要完成单位 | 主要完成人 | 授奖部门 | 级别 | 获奖年份 |
|---|---|---|---|---|---|---|
| 1 | 黄河流域水资源演变规律与二元演化模型 | 中国水利水电科学研究院,中国科学院地理科学与资源研究所,黄委水文局,中国科学院地质与地球物理研究所 | 王浩,贾仰文,王建华,秦大庸,李丽娟,罗翔宇,周祖昊,严登华,王玲,张学成 | 国务院 | 二等奖 | 2006 |
| 2 | 流域水量调控模型及在黄河水量调度中的应用 | 清华大学,黄委水资源管理与调度局 | 王光谦,魏加华,孙广生,刘晓岩,赵建世,夏军强,王忠静,胡和平,蔡治国,傅旭东 | 国务院 | 二等奖 | 2006 |
| 3 | 黄河水沙过程变异及河道的复杂响应 | 中国水利水电科学研究院,中国科学院地理科学与资源研究院,黄河水利科学研究院,国际泥沙研究培训中心 | 胡春宏,郭庆超,许炯心,姚文艺,吉祖稳,陈浩,王兆印,曹文洪,李文学,陈建国 | 国务院 | 二等奖 | 2007 |
| 4 | 游荡性河流的演变规律及在黄河与塔里木河整治工程中的应用 | 清华大学,中国水利水电科学研究院,黄河水利科学研究院 | 王光谦,胡春宏,张红武,吴保生,夏军强,姚文艺,傅旭东,王延贵,张俊华,钟德钰 | 国务院 | 二等奖 | 2008 |

**续附表 10**

| 序号 | 项目名称 | 主要完成单位 | 主要完成人 | 授奖部门 | 级别 | 获奖年份 |
|---|---|---|---|---|---|---|
| 5 | 黄河水资源统一管理与调度 | 黄委水资源管理与调度局、黄委信息中心、黄委水文局、黄河流域水资源保护局、黄河勘测规划设计有限公司、清华大学、山东黄河河务局 | 李国英、苏茂林、孙广生、乔西现、刘晓岩、王道席、王建中、王恒斌、谢明 | 国务院 | 二等奖 | 2009 |
| 6 | 黄河调水调沙理论与实践 | 黄河水利委员会 | 李国英、廖义伟、张金良、刘继祥、张俊华、张红月、薛松贵、赵咸榕、张水、翟家瑞、江恩惠、牛玉国、李文学、魏向阳、王震宇 | 国务院 | 一等奖 | 2010 |
| 7 | 水沙灾害形成机理及其防治的关键技术 | 北京大学、武汉大学、黄河水利科学研究院 | 倪晋仁、李义天、江恩惠、李天宏、韩鹏、薛安、赵连军、李英奎、刘仁志、李秀霞 | 国务院 | 二等奖 | 2010 |

## 附表 11　省级科技进步获奖奖成果

| 序号 | 项目名称 | 主要完成单位 | 主要完成人 | 授奖部门 | 级别 | 获奖年份 |
|---|---|---|---|---|---|---|
| 1 | 水中沉降物化学研究 | 黄河流域水资源保护局 | 高宏、暴维英、翁立达、张曙光、周怀东、彭彪、渠康 | 河南省 | 二等奖 | 2000 |
| 2 | 1950～1990 年黄河水文基本资料审查评价及天然径流量计算 | 黄委水文局 | 王国士、方秀生、王玲、张民琪、周世雄、李红良、王玉明 | 河南省 | 二等奖 | 2000 |
| 3 | 小浪底排沙洞后张法无黏结预应力衬砌的试验研究 | 黄委勘测规划设计研究院 | 林秀山、沈凤生、张阳、李斌、李珠、田耕、胡玉明 | 河南省 | 二等奖 | 2000 |
| 4 | 改良 Roux－Y 消化道重建术的临床研究 | 黄河中心医院 | 薛颖雨、刘树清、李新年、马永峨、宋言峰、韩世权、李玉民 | 河南省 | 二等奖 | 2000 |
| 5 | 黄河小浪底水利枢纽斜孔灌浆与地下水排水技术研究 | 黄委勘测规划设计研究院 | 马国彦、林秀山、赵全升、付金锐、刘扎凡、刘海军、史海英 | 河南省 | 三等奖 | 2000 |
| 6 | 黄河小浪底水环境监测信息系统 | 黄河流域水资源保护局 | 司毅铭、邱宝冲、李东亚、黄金池、牛永生、李永军、柴成果 | 河南省 | 三等奖 | 2000 |
| 7 | 挖泥船运行自动测试系统 | 河南黄河河务局、河海大学 | 江珍秀、孙臻、边鹏、吕锐捷、吴世友、李国繁、刘高林 | 河南省 | 三等奖 | 2000 |
| 8 | 可能最大暴雨和洪水计算原理与方法研究 | 黄委勘测规划设计研究院 | 王国安、李文家、高治定、李海荣、易维中、易元俊、王宝玉、刘占松、慕平 | 河南省 | 二等奖 | 2001 |

续附表11

| 序号 | 项目名称 | 主要完成单位 | 主要完成人 | 授奖部门 | 级别 | 获奖年份 |
|---|---|---|---|---|---|---|
| 9 | 工程移民监理研究 | 黄委移民局 | 杨建设、唐传利、姚松龄、左平、龚银辉、王建中、姚文艺、冯建敏、郭建忠、刘凤景 | 河南省 | 二等奖 | 2001 |
| 10 | 黄河下游防洪工程体系减灾效益分析方法及计算模型研制 | 黄委勘测规划设计研究院、郑州工业大学 | 丁大发、安增美、石春先、宋红霞、李古松、杨振立、汪习习文、王延红、王军良、韩侠 | 河南省 | 二等奖 | 2001 |
| 11 | 防汛抢险钢桩及快速旋桩设备研制 | 山东黄河河务局局财经处 | 孙宗海、王银山、程治保、谷志生、邹广德、王玉兴、张兴春、孟祥文、刘建新 | 山东省 | 三等奖 | 2001 |
| 12 | 水利水电工程项目管理信息系统 | 黄委勘测规划设计研究院 | 陶富岭、牛富敏、陈卫华、陈吉灵、张建宏、牛卫华、王桂黄 | 河南省 | 三等奖 | 2002 |
| 13 | 山东黄河淤背固堤综合技术研究 | 山东黄河河务局 | 杜玉海、张士伟、李遵栋、崔节卫、王志远、王军、郑付生、杨洪祥、李明、谢家汉 | 山东省 | 三等奖 | 2002 |
| 14 | 小浪底水利枢纽偏心铰弧门及其液压启闭机的设计研究 | 黄委勘测规划设计研究院 | 谢遵党、陈震、孙鲁安、乔为民、丁中、滕翔、王庆明、杨光、陈丽晔、王为福、熊民伟、庄寿安、杨立、王春、杜伟峰 | 河南省 | 一等奖 | 2003 |

续附表 11

| 序号 | 项目名称 | 主要完成单位 | 主要完成人 | 授奖部门 | 级别 | 获奖年份 |
|---|---|---|---|---|---|---|
| 15 | 高密度电阻率法堤防隐患探测仪 | 黄委勘测规划设计研究院、长春科技大学工程技术研究所、黄委国科局、黄委河务局、中国地质大学地球物理勘探系、黄委规划计划局 | 郭玉松、谢向文、张晓豫、王运生、毋光荣、冷元宝、刘建明 | 河南省 | 三等奖 | 2003 |
| 16 | 黄河下游断面法冲淤量分析评价 | 黄河水利科学研究院、河南水文局、黄委勘测规划设计研究院、黄委国科局 | 龙毓骞、姚传江、张留柱、张原锋、梁国亭、程龙渊、申冠卿 | 河南省 | 三等奖 | 2003 |
| 17 | 黄河中下游挖河减淤关键技术研究 | 黄委勘测规划设计研究院、黄河水利科学研究院、中国水利水电规划计划局、黄委三门峡库区水文水资源局 | 洪尚池、姚文艺、姜乃迁、安催花、李文学、李勇、侯志军、吉祖稳、周丽艳、张翠萍 | 河南省 | 二等奖 | 2004 |
| 18 | 引黄涵闸远程监控系统开发及应用研究 | 河南黄河河务局 | 赵勇、张柏山、端木礼明、李荷香、刘天才、朱艾钦、陈全会 | 河南省 | 三等奖 | 2004 |
| 19 | 黄土高原严重水土流失区生态农业动态监测系技术引进 | 黄河上中游管理局 | 周月鲁、郑新民、罗万勤、喻权刚、马安利、马国力、赵帮元、赵光耀、李志华、常照波、马卫星 | 陕西省 | 一等奖 | 2004 |

续附表 11

| 序号 | 项目名称 | 主要完成单位 | 主要完成人 | 授奖部门 | 级别 | 获奖年份 |
|---|---|---|---|---|---|---|
| 20 | 黄河小浪底工程环境保护研究 | 黄河勘测规划设计有限公司 | 解新芳、张宏安、姚同山、冯久成、王晓峰、常献立、梁丽霞、董红霞、喻斌、林晖、燕子林、王吉昌、肖金凤、晁旭、李晓铃 | 河南省 | 二等奖 | 2005 |
| 21 | 泾河、北洛河、渭河流域水土保持措施减水减沙作用分析 | 黄委黄河上中游管理局、黄委西峰水土保持科学试验站、黄委天水水土保持试验站 | 冉大川、刘斌、王宏、马勇、罗全华、赵俊侠、张志萍、秦百顺、王存荣 | 陕西省 | 二等奖 | 2005 |
| 22 | 现代黄河口演变趋势及治理方略研究 | 山东黄河河务局、同济大学 | 李希宁、刘曙光、葛民莞、孟祥文、赵安平、赵世来 | 山东省 | 三等奖 | 2005 |
| 23 | 潜吸式扰沙船的研制与应用 | 河南黄河河务局 | 王德智等 | 河南省 | 二等奖 | 2006 |
| 24 | 黄河中游地区开发建设项目新增水土流失预测研究 | 黄委黄河上中游管理局、陕蒙晋地区水土保持监督局 | 陈伯让、牛玉国、蔺明华、杜靖澳、刘保立、尹增斌、王忠意、白志刚、张未章 | 陕西省 | 二等奖 | 2006 |
| 25 | 黄河下游宽河段河道调整对洪水沙输移特性及防洪的影响 | 黄河水利科学研究院 | 李勇等 | 河南省 | 三等奖 | 2006 |
| 26 | 小浪底水库运用后黄河下游北展宽工程防凌运用综合研究 | 山东黄河河务局科技处、黄委山东水文水资源局 | 李希宁、谷洪泽、郝金之、王静、苏洪禄、陈洪山、孟祥文、程进豪、阎永新、李庆金 | 山东省 | 三等奖 | 2006 |

续附表 11

| 序号 | 项目名称 | 主要完成单位 | 主要完成人 | 授奖部门 | 级别 | 获奖年份 |
|---|---|---|---|---|---|---|
| 27 | 堆石体密度测定的动力参数法 | 黄河勘测规划设计有限公司 | 李玉武,郭玉松,王运生,薛云峰,杨积发,胡伟华,袁江华 | 河南省 | 三等奖 | 2007 |
| 28 | 基于电源优化扩展规划模型的抽水蓄能电站经济评价方法研究 | 黄河勘测规划设计有限公司 | 李景宗,杨振立,王海政,王军良 | 河南省 | 三等奖 | 2007 |
| 29 | 数控拧扣钢(铝)丝网片编织机研制 | 山东黄河河务局科技处 | 孟祥文,刘大志,赵世来,王景海,王宗波,吴家茂,葛丽荣,孙丽娟,陈秀娟,张云生 | 山东省 | 三等奖 | 2007 |
| 30 | 小浪底运用后东平湖滞洪区运用方式研究 | 山东黄河河务局,山东黄河设计院 | 杜玉海,李洪书,杨春林,杜瑞香,任汝信,高峰,杨丽红 | 山东省 | 三等奖 | 2007 |
| 31 | 黄河水资源调度管理系统 | 黄委水资源管理与调度中心,黄委信息中心,黄委水文局,黄河流域水资源保护局,黄河勘测规划设计有限公司 | 李国英,苏茂林,孙广生,乔西现,刘晓岩,王道席,石国安,王建中,王佰斌,谢明,高宏,王煜,可素娟,军,裴勇 | 河南省 | 一等奖 | 2007 |
| 32 | 黄土丘陵沟壑区小流域坝系相对稳定及水土资源开发利用研究 | 黄河上中游管理局 | 郑新民,柏跃勤,王英顺,郑宝明,秦向阳,田永宏,朱小勇,张孝中 | 陕西省 | 二等奖 | 2008 |
| 33 | 建筑地基基础现场测试技术研究 | 黄河勘测规划设计有限公司 | 张晓子,谢向文,郭玉松,李万海,张宪君,田洪礼,范秦军 | 河南省 | 三等奖 | 2008 |

续附表 11

| 序号 | 项目名称 | 主要完成单位 | 主要完成人 | 授奖部门 | 级别 | 获奖年份 |
|---|---|---|---|---|---|---|
| 34 | 黄河调水调沙理论与实践 | 黄河水利委员会 | 李国英、廖义伟、张金良、刘继祥、张俊华、张红月、薛松贵、赵咸榕、张永、霍家瑞、江恩惠、牛玉国、李文学、魏向阳、王震宇 | 河南省 | 一等奖 | 2008 |
| 35 | 大理河流域水土保持生态工程建设的减沙作用研究 | 黄委西峰水土保持科学试验站，西安理工大学，黄河水土保持生态环境监测中心，黄河水利科学研究院 | 冉大川、李占斌、李鹏、刘斌、喻权刚、张志萍、罗全华、亢伟、马宁 | 陕西省 | 二等奖 | 2009 |
| 36 | 钢筋混凝土隧洞内衬钢板灌胶加固技术研究 | 黄河勘测规划设计有限公司 | 邵力群、侯建军、张廷明、宋修昌、李明远、王志刚、曹国利 | 河南省 | 三等奖 | 2010 |
| 37 | 黄河粗泥沙集中来源区治理方向研究 | 黄河上中游管理局，黄委天水水土保持科学试验站，黄委西峰水土保持科学试验站，黄委绥德水土保持科学试验站 | 郑新民、赵光耀、何兴照、田杏芳、雷启祥、王鸿斌、张金慧 | 陕西省 | 三等奖 | 2010 |
| 38 | 黄河多沙粗沙区分布式土壤流失模型及工程应用研究 | 黄河水利科学研究院 | 姚文艺、史学建、陈界仁、秦奋、杨涛、王玲玲、肖培青、高航、田凯、彭红、韩志刚、李勉、赵海镜、解河海、康玲玲 | 河南省 | 一等奖 | 2010 |

## 附表 12　水利部大禹水利科学技术奖获奖成果

| 序号 | 项目名称 | 主要完成单位 | 主要完成人 | 级别 | 获奖年份 |
|---|---|---|---|---|---|
| 1 | 黄河中游多沙粗沙区区域界定及产沙输沙规律研究 | 黄委水文局,黄河水利科学研究院,陕西师范大学,中国科学院地理研究所,内蒙古自治区水利科学研究院,黄委绥德水土保持科学试验站 | 徐建华,吕光圻,张胜利,甘枝茂,秦鸿儒,李雪梅,张培德,林银平,吴成基,景可 | 二等奖 | 2003 |
| 2 | 黄河小浪底水利枢纽温孟滩移民安置区河段河道整治模型试验研究 | 黄河水利科学研究院 | 赵业安,姚文艺,刘海凌,张红武,王卫红 | 三等奖 | 2003 |
| 3 | 多级孔板消能泄洪洞的研究与工程实践 | 黄河勘测规划设计有限公司 | 林秀山,沈凤生,罗义生,潘家铮,向桐,王咸儒,曹征齐,殷保合,刘宗仁,刘庆亮,于立新,史海英,李国选,李振连,牛富敏 | 一等奖 | 2004 |
| 4 | 小浪底水库初期防洪减淤运用关键技术研究 | 黄河勘测规划设计有限公司,黄河水利科学研究院 | 石春先,刘继祥,安新代,安催花,余欣,李世滢,张俊华,张厚军,张红武,胡一三 | 二等奖 | 2004 |
| 5 | 三门峡以下非汛期水量调度系统关键问题研究 | 黄河勘测规划设计有限公司,黄委黄河水文局,水利部,国家环境保护局黄河流域水资源保护局 | 侯传河,薛松贵,王煜,王道席,问宏谋 | 三等奖 | 2004 |

续附表 12

| 序号 | 项目名称 | 主要完成单位 | 主要完成人 | 级别 | 获奖年份 |
|---|---|---|---|---|---|
| 6 | 振动式悬移质测沙仪研制 | 黄委水文局,哈尔滨工业大学迈克新技术有限公司 | 王智进、王连第、宋海松、胡年忠、刘文、王丙轩、王立新 | 二等奖 | 2005 |
| 7 | 黄河水质自动监测站关键技术与研究 | 黄河流域水资源保护局 | 高宏、曾永、吴青、董保华、司毅铭 | 三等奖 | 2005 |
| 8 | LQS 型两相潜水泵疏浚系统研制 | 山东黄河河务局,菏泽黄河河务局,北京清大华云科技发展中心,泰安乾坤疏浚有限公司 | 梁灿,郑付生,许洪元,张延兵,刘九杰 | 三等奖 | 2005 |
| 9 | 黄河流域水资源演变的多维临界调控模式 | 黄河勘测规划设计有限公司,黄委,西安理工大学,郑州大学 | 陈效国,石春先,张会言,王煜,王海政、黄强,吴泽宁,侯传河,畅建霞,丁大发、王道席,彭少明,左其亭,张新海,佟春生 | 一等奖 | 2006 |
| 10 | 黄河水沙过程变异及河道的复杂响应 | 中国水利水电科学研究院,中国科学院地理科学与资源研究所,黄河水利科学研究院,国际泥沙研究培训中心 | 胡春宏,郭庆超,许炯心,姚文艺,吉祖稳,陈浩,王兆印,曹文洪,李文学,陈建国,陆中臣,侯志军,陈绪坚,李勇,戴清 | 一等奖 | 2006 |
| 11 | 面向水利信息化的应用集成中间件平台及其应用 | 水利部水利信息中心,西安理工大学,西安交通大学,黄委,陕西省水利厅 | 蔡阳,解建仓,张永进,常志华、辛立勤,周维续,余达征,程益联,洪小康,娄渊清 | 二等奖 | 2006 |

续附表 12

| 序号 | 项目名称 | 主要完成单位 | 主要完成人 | 级别 | 获奖年份 |
|---|---|---|---|---|---|
| 12 | 大型机械在黄河防洪抢险中的应用研究 | 河南黄河河务局 | 高兴利、王德智、周念斌、赵雨森、武海、曹兄军、王相武 | 三等奖 | 2006 |
| 13 | 水利工程维修养护定额标准研究 | 黄委财务局、黄河水利科学研究院、中国灌溉排水发展中心 | 徐乘、张红兵、赫崇成、夏明海、苏铁、周明勤、张希芳 | 三等奖 | 2006 |
| 14 | 黄河下游工情险情会商系统 | 黄委防汛办公室、黄委信息中心 | 张金良、瞿家瑞、李银全、王震宇、毕东升、娄渊清、祝杰 | 三等奖 | 2006 |
| 15 | "数字黄河"工程研究与应用 | 黄河水利委员会 | 廖义伟、朱庆平、薛松贵、李银全、李景宗、安新代、娄渊清、杨希刚、刘文涛、王道席、王祥辉、王刚、孙建奇、寇怀忠 | 一等奖 | 2007 |
| 16 | 10FGKN-30 非金属高效抗磨泥浆泵研制 | 山东黄河河务局、济南黄河鼎立实业有限公司 | 赵世来、邱法财、王宗波、孙泉汇、李长海、郝彩萍、苏琳琳、王东柱、张昭平、刘兴镇 | 三等奖 | 2007 |
| 17 | 黑河流域地表水与地下水转换规律研究 | 黄委水文局、中国科学院地质与地球物理研究所、中国(武汉)地质大学环节地质研究所、甘肃张掖水文水资源勘测局 | 钱云平、王珑、林祥贞、秦大军、陈崇希、英爱文、庞忠和 | 三等奖 | 2007 |

续附表 12

| 序号 | 项目名称 | 主要完成单位 | 主要完成人 | 级别 | 获奖年份 |
|---|---|---|---|---|---|
| 18 | 维持黄河健康生命的研究与实践 | 黄河水利委员会 | 李国英、薛松贵、刘晓燕、李景宗、侯全亮、张原锋、张锁成、黄锦辉、杨希刚、张建中、李肖强、刘斌、张学成、刘立斌、李勇 | 一等奖 | 2008 |
| 19 | 黄河防洪预报调度与管理（耦合）系统 | 黄河水利委员会、河海大学 | 廖义伟、郝振纯、张金良、罗健、翟家瑞、董增川、祝杰、杨涛、张永、程光 | 二等奖 | 2008 |
| 20 | 黄河干流水轮机磨蚀与防护技术 | 黄河水利科学研究院、华北水利水电学院 | 冯国斌、何筱奎、陈德新、段豪、任岩、王玲花、武现治、张雷、刘晶、陈海潮 | 二等奖 | 2008 |
| 21 | φ615 mm 大口径金刚石复合体钻头设计研究及其在水利水电工程钻探硬岩层中的应用 | 黄河勘测规划设计有限公司 | 缪绪章、易学文、杨裕恩、魏佩忠、贾正海、仉道健、刘晓波 | 三等奖 | 2008 |
| 22 | 黄河下游游荡性河段切滩导流技术研究 | 河南黄河河务局 | 王德智、李国繁、周念斌、耿明全、成刚、刘红卫、吕锐建 | 三等奖 | 2008 |
| 23 | 多沙河流洪水演进与冲淤演变数学模型研究及应用 | 黄河水利科学研究院、武汉大学、华北水利水电学院 | 江恩惠、赵连军、张红武、韦直林、刘曹梅、谈广鸣、张清、陈书奎、赵新建、李军涛、马怀宝、董其华、黄鸿海、余欣、郑春梅 | 一等奖 | 2009 |

**续附表 12**

| 序号 | 项目名称 | 主要完成单位 | 主要完成人 | 级别 | 获奖年份 |
|---|---|---|---|---|---|
| 24 | 黄河下游长远防洪形势和对策研究 | 黄河勘测规划设计有限公司、黄委规划计划局 | 李文家、张同德、李海荣、安催花、何予川、张会言、王敏、胡建华、杜玉海、张志红、侯晓明、周丽艳、王红声、刘生云、王宝玉 | 一等奖 | 2009 |
| 25 | 水利水电工程边坡关键技术应用和设计标准研究 | 黄河勘测规划设计有限公司、水利部水利水电规划设计总院、中国水利水电科学研究院 | 景来红、刘志明、陈祖煜、孙胜利、赵洪岭、雷兴顺、王新奇、李清波、李治明、宗志坚 | 二等奖 | 2009 |
| 26 | 黄河水环境质量监测关键技术研究 | 黄河流域水资源保护局 | 司毅铭、吴青、张曙光、周艳丽、李群、渠康、穆伊舟 | 三等奖 | 2009 |
| 27 | 新型分布式智能堤坝隐患综合探测系统 | 山东黄河河务局、复旦大学 | 刘建伟、张炳龙、赵世来、刘克强、崔建中、赵根祥、李长海 | 三等奖 | 2009 |
| 28 | 黄河堤防工程放淤固堤设计的合理宽度研究 | 黄河水利科学研究院 | 潘恕、常向前、高航、赵寿刚、张俊霞、王笑冰、兰维 | 三等奖 | 2009 |
| 29 | 黄河下游游荡性河道河势演变机理及整治方案研究 | 黄河水利科学研究院、河南黄河河务局、黄委规划计划局、黄委总工程师办公室、黄河勘测规划设计有限公司、黄委防汛办公室 | 江恩惠、曹常胜、符建铭、曹永涛、张林忠、李建堂、杨永刚、高航、黎桂喜、申冠卿、刘燕、余欣、周景芍、张遂芹、夏修杰 | 一等奖 | 2010 |

**续附表 12**

| 序号 | 项目名称 | 主要完成单位 | 主要完成人 | 级别 | 获奖年份 |
|---|---|---|---|---|---|
| 30 | 黄河河道整治工程根石探测技术研究与应用 | 黄河勘测规划设计有限公司,黄委防汛办公室,黄委国际合作与科技局,黄河水利科学研究院,黄委建设与管理局,河南黄河河务局,黄委水文局 | 胡一三,郭玉松,谢向文,张晓子,冷元宝,张先君,马爱玉,王志勇,刘建明,黄淑阁 | 二等奖 | 2010 |
| 31 | 建立基于卫星的黄河流域水监测和河流预报系统 | 黄委水文局,黄委国际合作与科技局,荷兰环境分析与遥感咨询公司(EARS) | 谷源泽,赵卫民,Andries Rosema,尚宏琦,王春青,任松长,刘晓伟,饶素秋,戴东,张勇 | 二等奖 | 2010 |
| 32 | 激光法泥沙粒度分析技术研究与应用 | 黄委水文局 | 牛占,李静,吉俊峰,利瑞莉,马永来,王怀柏,张成 | 三等奖 | 2010 |
| 33 | 悬臂瓷筑辊轴行走式轻型三角挂篮的研制与应用 | 山东黄河工程集团有限公司 | 霍正存,宋淑平,赵洪林,郝红漫,韩兑伟,张成玉,杨景国 | 三等奖 | 2010 |

## 附表 13　黄河水利委员会科技进步奖获奖成果

| 序号 | 项目名称 | 主要完成单位 | 主要完成人 | 级别 | 获奖年份 |
|------|----------|--------------|------------|------|----------|
| 1 | 可能最大暴雨洪水计算原理与方法研究 | 黄委勘测规划设计研究院 | 王国安,李文家,高治定,李海荣,易维中,易元俊,王玉峰,王宝玉,刘占松,慕平,李伟佩,赵勇,刘红珍,张志红,杨合侯,曹俊峰,王煜,王道席 | 特等 | 2000 |
| 2 | 黄河小浪底水利枢纽温孟滩移民安置区河段河道模型试验研究 | 黄河水利科学研究院 | 赵业安,姚文艺,刘海凌,张红武,王卫红,田治宗,董年虎,赵新建,蒋辉,侯志军,马怀宝,石俊营,常献立,李勇,曹文忠,赵仁荣,王若,顾志刚 | 一等 | 2000 |
| 3 | 工程移民监理研究 | 黄委移民局 | 杨建设,唐传利,姚松龄,左平,龚银辉,王建中,姚文艺,冯建敏,郭建忠,刘凤景,阎国平,张浩,康德荣,李英平,王彦黎,刘新,李源,李利 | 一等 | 2000 |
| 4 | 黄河水沙特性变化综合分析 | 黄河水利科学研究院,黄委水文局 | 潘贤娣,董雪娜,李勇,王云璋,张晓华,陈发中,钱云平,田水利,侯素珍,王玲玲,李东风,林银平,戴明英,康玲玲,王国庆,杨汉颖 | 二等 | 2000 |

**续附表 13**

| 序号 | 项目名称 | 主要完成单位 | 主要完成人 | 级别 | 获奖年份 |
|---|---|---|---|---|---|
| 5 | 黄河下游防洪工程体系减灾效益分析方法及计算模型研制 | 黄委勘测规划设计研究院、郑州工业大学 | 丁大发、安增美、石春先、宋红霞、李占松、杨振立、汪习文、王延红、王军良、韩侠、张玫、吴建平、曲军营、李福生、王海政 | 二等 | 2000 |
| 6 | 平面钢闸门 CAD 系统的研究与开发 | 黄委勘测规划设计研究院 | 谢遵党、李纪新、陈笑天、马麟、陈吉灵、王春、丁正中、朱耕林、乔为民、李卫莉、杨丽娟、白萍、陈丽晔、侯庆宏、姚宏超 | 二等 | 2000 |
| 7 | 不同降雨条件下河龙区间水利水保工程减水减沙作用分析 | 黄委水文局、黄河水利科学研究院 | 徐建华、李雪梅、王国庆、陈发中、田水利、戴明英、杨汉颖、王云璋、林银平、张玮、朱小培德、王昌高、刘九玉、吴卿、张玮、朱小勇 | 二等 | 2000 |
| 8 | 河龙区间水土保持措施减水减沙作用分析 | 黄河上中游管理局 | 冉大川、柳林旺、赵力毅、王宏、刘斌、白志刚、于德广、郑宝明、罗全华、柳荣先、马勇、王存荣、尚光明、李云树、安润莲 | 二等 | 2000 |
| 9 | 水利水电工程项目管理信息系统 | 黄委勘测规划设计研究院 | 陶富岭、牛富敏、陈卫华、陈吉灵、张建宏、牛卫华、王桂黄、马麟、阴慧颖、李倩、熊建清、彭少明、窦燕、刘尧、王四龙 | 二等 | 2000 |

续附表 13

| 序号 | 项目名称 | 主要完成单位 | 主要完成人 | 级别 | 获奖年份 |
|---|---|---|---|---|---|
| 10 | 灰坝渗流问题研究 | 黄河水利科学研究院 | 汪自力、张俊霞、陈士俊、张宝森、李莉、杨静熙、施王玺、丁玉芬、王立功、朱登峰、李海晓、陈生、李斌、李信、高骥 | 二等 | 2000 |
| 11 | 《黄河水利委员会公文主题词表》（汉语信息处理系统工程）研究 | 黄委办公室 | 赵国训、姜钧英、柴建国、徐书森、尚长昆、王祥祥、赵淑玲、卢旭、任国灿、董丽丽、尹衍彦、王春生、牛红洲、张石中、蔡红标 | 二等 | 2000 |
| 12 | 挖塘机和汇流泥浆泵组合输沙系统 | 利津县黄河河务局 | 赵安平、冯景和、杨德胜、孟祥文、李长海、李安民、冯吉亮、丁彦君、葛丽荣、陈希云、仉星文、刘新利 | 三等 | 2000 |
| 13 | 黄河堤防加高加培工程CAD开发及推广应用 | 河南黄河勘测设计研究院 | 苏茂林、王广欣、席凤仪、李永强、刘云生、耿明全、胡俊玲、刘筠、王松林、王学通 | 三等 | 2000 |
| 14 | 防汛抢险钢桩及快速旋桩机研制 | 山东黄河河务局、山东工程学院 | 孙宗海、邹广德、张为春、刘景国、程治保、沈玉凤、吴家茂、王银山、孙惠杰、谷志生、孟庆华、王超恩 | 三等 | 2000 |
| 15 | 软管展开机具研制 | 滨州地区黄河河务局 | 谢军、刘景国、王银山、张文森、王超恩、孙惠杰、陈以军、孙爱新、李建忠、张志明 | 三等 | 2000 |

**续附表 13**

| 序号 | 项目名称 | 主要完成单位 | 主要完成人 | 级别 | 获奖年份 |
|---|---|---|---|---|---|
| 16 | 《黄河水利委员会政府采购管理暂行办法》 | 黄委财务局 | 徐乘、李志远、夏明海、赵春理、王宏乾、马守力、常桂云、张建军、魏宏亮 | 三等 | 2000 |
| 17 | 黄河防洪减灾软件系统 | 黄河防洪减灾系统建设管理办公室 | 黄自强、任齐、赵永凯、张素平、刘晓伟、郝春明、王庆斋、刘瑞虹、张正斌、祝杰、赵卫民、刘建明、刘学工、张红月、瞿家瑞 | 一等 | 2001 |
| 18 | 黄河防洪减灾计算机网络系统 | 黄河防洪减灾系统建设管理办公室 | 刘建明、赵永凯、张正斌、郝春明、朱庆平、毕东升、卜全喜、孙振振、李梅、牛大庆、于剑平、张勇、王晓东、李根峰 | 一等 | 2001 |
| 19 | 黄河中游多沙粗沙区区域界定及产沙输沙规律研究 | 黄委水文局，黄河水利科学研究院，陕西师范大学，中国科学院地理研究所，内蒙古自治区水利科学研究院，黄委绥德水土保持科学试验站 | 徐建华、吕光圻、张胜利、甘枝茂、秦鸿儒、李雪梅、张培德、林银平、吴成基、可、刘立斌、朱智苍、孙虎、杨汉颖、惠振德 | 一等 | 2001 |
| 20 | 聊城—兰考隐伏活动断裂综合研究及黄河下游河道稳定性分析 | 黄委勘测规划设计研究院，国家地震局地质研究所 | 王学潮、向宏发、魏顺民、路新景、陈书涛、张辉、刘振红、李今朝、张同德、尚锋 | 二等 | 2001 |

续附表 13

| 序号 | 项目名称 | 主要完成单位 | 主要完成人 | 级别 | 获奖年份 |
|---|---|---|---|---|---|
| 21 | 黑河水资源问题及其对策研究 | 黄委规划计划局,黄委勘测规划设计研究院,黄委水文局,黄委黑河局,黄委办公室 | 鄂竟平、陈效国、石春先、张锁成、魏广修、冯久成、王祥辉、刘斌、裴勇、常炳炎 | 二等 | 2001 |
| 22 | 安窝取水泵站及板涧河桥式倒虹吸的设计研究与工程实践 | 黄委勘测规划设计研究院 | 许人、徐复新、孙鲁安、牛富敏、王兰涛、籍勇峰、徐世俊、杨丽丰、马跃生、乔中军 | 二等 | 2001 |
| 23 | 黄河小花区间设计洪水研究 | 黄委勘测规划设计研究院 | 王国安、李文家、李海荣、张志红、王宝玉、慕平、李伟佩、高治定、王道席、王峰 | 二等 | 2001 |
| 24 | 黄河流域水土保持基本建设管理体制研究与应用 | 黄委规划计划局,黄河水利科学研究院,黄委水土保持局,黄河上中游管理局 | 鲁小新、朱小勇、李梅、王文善、吴卿、任松长、刘红卫 | 三等 | 2001 |
| 25 | 计算机网络远程控制与管理程序研究 | 黄委勘测规划设计研究院 | 陶富岭、诸葛梅君、王四龙、张建宏、孟祥芳、朱耕林、秦桂元 | 三等 | 2001 |
| 26 | 定向爆破—水坠筑坝技术研究与应用 | 黄河上中游管理局,内蒙古清水河县水利水保局,西安理工大学 | 王逸冰、魏华、闫宇振、武哲、张志兴、蒋钢、梁其春 | 三等 | 2001 |

续附表 13

| 序号 | 项目名称 | 主要完成单位 | 主要完成人 | 级别 | 获奖年份 |
|---|---|---|---|---|---|
| 27 | YBZ 拔桩器的研制 | 焦作市黄河河务局 | 温小国、李怀前、赵铁、秦龙头、崔武、孙武继、李怀志 | 三等 | 2001 |
| 28 | 小浪底水利枢纽偏心铰弧门及其液压启闭机的设计研究 | 黄委勘测规划设计研究院 | 谢遵党、陈霞、孙鲁安、乔为民、丁正中、滕翔、王庆明、杨光、陈丽晔、王为福、熊民伟、庄寿安、杨立、王春、杜伟峰 | 一等 | 2002 |
| 29 | 高密度电阻率法堤防隐患探测仪 | 黄委勘测规划设计研究院、长春科技大学工程技术研究所、黄委国科局、黄委河务局、中国地质大学地球物理勘探系、黄委规划计划局 | 郭王松、谢向文、张晓豫、王运生、毋光令、张晓培、黄淑阆、刘新华、牛建军、马爱玉 | 一等 | 2002 |
| 30 | 黄河三花间致洪暴雨预报系统 | 黄委水文局 | 赵卫民、王庆斋、宁如聪、葛文忠、戚建国、张兑家、王春青、徐幼平、党人庆、杨特群、车振勇、张勇、周康年、戴东、金丽娜 | 一等 | 2002 |
| 31 | 黄河上中游径流中长期预报系统（第一期） | 黄委水文局 | 王怀柏、朱庆平、霍世青、彭梅香、饶素秋、温丽叶、周康年、刘祥、薛建国、张建中、李振勇、刘龙庆、赵莹莉、邬虹霞 | 一等 | 2002 |

续附表 13

| 序号 | 项目名称 | 主要完成单位 | 主要完成人 | 级别 | 获奖年份 |
|---|---|---|---|---|---|
| 32 | 黄河下游断面法冲淤量分析评价 | 黄河水利科学研究院,黄委水文局,河南黄河河务局,黄委勘测规划设计研究院,黄委国科局 | 龙毓骞,姚传江,张留柱,张原锋,梁国亭,程龙渊,申冠卿,弓增喜,张建中,李勇 | 二等 | 2002 |
| 33 | 黄河万家寨水库凌汛期运用方式研究 | 黄委防汛办公室,黄河水文水资源研究所 | 翟家瑞,胡一三,赵咸榕,钱云平,郝守英,冯立亚,可素娟,王玲,李旭东,金双彦 | 二等 | 2002 |
| 34 | 黄河重点河段水污染物总量控制方案研究 | 黄河流域水资源保护局 | 李玉洪,刘红侠,吴纪纭,程迎春,张清,彭勃,张建军,鄂正,刘昕宇,蒋廉洁 | 二等 | 2002 |
| 35 | 河南省宝泉抽水蓄能电站关键工程地质问题研究 | 黄委勘测规划设计研究院,华北水利水电学院,中国地震局地壳应力研究所 | 李金都,肖杨,刘汉东,路新景,景来红,董美丽,陈群策,杨彦平,苏子义 | 二等 | 2002 |
| 36 | 黄河流域水污染危害调查研究 | 黄河流域水资源保护局 | 孙学义,李祥龙,张清,刘红侠,周艳丽,曹祥,李东亚,李韶旭,宋世震,蒋廉洁 | 二等 | 2002 |
| 37 | 三门峡水电站二号机导水机构改造 | 三门峡水利枢纽管理局机电检修分公司 | 张保平,黄犀砚,王通成,张齐晶,范宗方,王青贤,李建明,杨峰,朱会民,陈絿 | 二等 | 2002 |

续附表 13

| 序号 | 项目名称 | 主要完成单位 | 主要完成人 | 级别 | 获奖年份 |
|---|---|---|---|---|---|
| 38 | 现代温室及名优花卉栽培技术的研究和示范 | 郑州市邙山金水区黄河务局、河南黄河河务局综合经办、郑州市黄河河务局 | 张伟中、董小五、李老虎、余汉清、陈雪山、李长群、邵玉春 | 三等 | 2002 |
| 39 | 黄河小浪底水利枢纽配套工程——西霞院反调节水库三维渗流场的模拟及对工程的影响研究 | 黄委勘测规划设计研究院、华北水利水电学院 | 路新景、吴伟功、刘汉东、刘丰收、郭雪莽、张绍民、秦云香 | 三等 | 2002 |
| 40 | 黄河下游堤防工程地质勘察研究 | 黄委勘测规划设计研究院 | 戴其祥、张瑞恰、崔志芳、路新景、刘庆军、牛万宏、韩名乾 | 三等 | 2002 |
| 41 | 三门峡水电站计算机监控系统改造 | 三门峡水利枢纽管理局水力发电厂 | 贾晓生、王瑛、吴道胜、黄犀砚、姜胜平、耿宏伟、范宗方 | 三等 | 2002 |
| 42 | 黄河小浪底水利枢纽东苗家清坡体排水洞施工技术研究 | 黄委勘测规划设计研究院 | 易学文、彭万军、魏佩忠、孙晓英、李保平、周院、刘晓波 | 三等 | 2002 |
| 43 | YP－A 型液压自动抛石机研制 | 东平湖水库防汛抢险机械修理中心 | 杨振善、刘辉、张群峰、刘兴燕、孙百启、王洪春、程立新 | 三等 | 2002 |

续附表 13

| 序号 | 项目名称 | 主要完成单位 | 主要完成人 | 级别 | 获奖年份 |
|---|---|---|---|---|---|
| 44 | 温孟滩移民安置区放淤改土工程——实用管道黄河浑水沿程阻力系数研究与工程应用 | 河南黄河河务局温孟滩工程施工管理处、焦作市黄河河务局 | 邢天明、何平安、吕锐捷、刘敏香、靳学东、辛红、潘明发 | 三等 | 2002 |
| 45 | 小浪底水库初期防洪减淤运用关键技术研究 | 黄委勘测规划设计研究院、黄河水利科学研究院 | 石春先、刘继祥、安新代、安催花、余欣、李世滢、张俊华、张厚军、张红武、胡一三、苏茂林、姜乃迁、何子川、李福生、李海荣 | 一等 | 2003 |
| 46 | 三门峡以下非汛期水量调度系统关键问题研究 | 黄委勘测规划设计研究院、黄委水文局、黄河流域水资源保护局 | 侯传河、薛松贵、王煜、王道席、何宏谋、霍世青、崔树彬、杨立彬、肖素君、安新代、张水、饶素秋、宋世霞、王建中 | 一等 | 2003 |
| 47 | 黄河水资源管理、调度及灌溉节水潜力研究 | 黄委、黄委勘测规划设计研究院、河海大学、中国科学院地理科学与资源研究所、黄委水文局 | 常炳炎、陈永奇、张会言、孙寿松、张新海、陆桂华、张建华、傅国斌、张学成、郭国顺 | 二等 | 2003 |
| 48 | 激光粒度分析仪引进及应用研究 | 黄委水文局 | 和瑞莉、李静、牛占、袁东良、牛玉国、李良年、张成、马永来、张建中、尚军 | 二等 | 2003 |

续附表 13

| 序号 | 项目名称 | 主要完成单位 | 主要完成人 | 级别 | 获奖年份 |
|---|---|---|---|---|---|
| 49 | 黄河中下游挖河减淤关键技术研究 | 黄委勘测规划设计研究院、黄河水利科学研究院、黄委规划计划局、中国水利水电科学研究院、黄委三门峡库区水文水资源局 | 洪尚池、姚文艺、姜乃迁、安催花、李学、李勇、侯志军、苫祖稳、周丽艳、张翠萍 | 二等 | 2003 |
| 50 | （防汛抢险）组合装袋机的研制 | 焦作市黄河河务局 | 李国繁、温小国、李怀前、秦龙头、吴中青、赵铁、文仕刚、刘爱琴 | 二等 | 2003 |
| 51 | 引黄涵闸远程监控系统开发及应用研究 | 河南黄河河务局 | 赵勇、张柏山、端木礼明、李荷香、刘天才、朱艾钦、陈全会、张俊峰、高永传、张丰周 | 二等 | 2003 |
| 52 | 水土保持优良植物引进 | 黄委西峰水土保持科学试验站、黄委天水水土保持科学试验站、山西省绥德水土保持科学试验站、水土保持科学研究所 | 胡建忠、雷启祥、闫晓玲、王子科、党维勤、范小玲、张建中、赵光耀 | 二等 | 2003 |
| 53 | 三门峡水电站自动电压控制（AVC）、自动发电控制（AGC）设计投运 | 三门峡水电厂 | 石永伟、高喜珠、杨木振、万光红、杨小兵、彭宁、范宗方 | 三等 | 2003 |

续附表 13

| 序号 | 项目名称 | 主要完成单位 | 主要完成人 | 级别 | 获奖年份 |
|---|---|---|---|---|---|
| 54 | 黄河水质自动监测站关键技术开发与研究 | 黄河流域水资源保护局 | 高宏、曾永、吴青、董保华、司毅铭、李祥龙、李东亚、李韶旭、赵维征、李连祥、宋华力、张建中、朱存信、姬宏宏、宋世霞 | 一等 | 2004 |
| 55 | 黄河小浪底工程环境保护研究 | 黄河勘测规划设计有限公司 | 解新芳、张宏安、姚同山、冯久成、王晓峰、常献立、梁丽霞、董红霞、林晖、燕子林、王吉昌、肖金凤、晁旭、李晓铃 | 一等 | 2004 |
| 56 | 黄河下游宽河段河道调整对洪水沙输移特性及防洪的影响 | 黄河水利科学研究院 | 李勇、张晓华、韩巧兰、尚红霞、苏运启、陈萍田、侯素珍、申冠卿、曲少军、李文学、姚文艺、田玉青、李士杰、张东方、王万民 | 一等 | 2004 |
| 57 | 泾河、北洛河、渭河流域水土保持措施减水减沙作用分析 | 黄河上中游管理局，黄委西峰水土保持科学试验站，黄委天水水土保持科学试验站 | 冉大川、刘斌、王宏、马勇、罗全华、赵俊侠、张志萍、秦百顺、郭永乐、崔洁、柏跃勤、张智勤、刘勇、陈志军 | 一等 | 2004 |
| 58 | 振动式悬移质测沙仪研制 | 黄委水文局，哈尔滨工业大学迈克新技术公司 | 王智进、王连第、宋海松、胡年忠、刘文、王丙轩、王立新 | 一等 | 2004 |

续附表13

| 序号 | 项目名称 | 主要完成单位 | 主要完成人 | 级别 | 获奖年份 |
|---|---|---|---|---|---|
| 59 | 基于电源优化扩展规划模型的抽水蓄能电站经济评价方法研究 | 黄河勘测规划设计有限公司 | 李景宗、杨振立、王海政、王彤、谭浩瑜发、汪习文、张迎华、丁大勇、刘金 | 二等 | 2004 |
| 60 | 自动化水文缆道测验控制系统 | 黄委水文局 | 袁东良、张法中、李德贵、张留柱、王怀柏、田中岳、王德芳、李珠、张曦明、戴建国 | 二等 | 2004 |
| 61 | LQS型两相流潜水泵流滞系统研制 | 菏泽市黄河河务局、北京清大华云科技发展中心、泰安乾洋疏浚有限公司 | 梁灿、郑付生、许洪元、张延兵、刘九杰、夏忠捷、边一飞、王付昌、李徽、董纪全 | 二等 | 2004 |
| 62 | 黄河干流重点水源地（花园口河段）保护措施及入河排污优化控制方案研究 | 黄河流域水资源保护局 | 司毅铭、尚晓成、李玉洪、张学峰、张军献、周艳丽、郝云、路武鸿、曾水、李韶旭 | 二等 | 2004 |
| 63 | 水利水电工程移民安置后评价研究 | 黄河勘测规划设计有限公司 | 王鲜萍、史志平、刘翠芬、马鲜果、刘新芳、王晓锋、原平新、李宝山、董红霞、刘斌 | 二等 | 2004 |
| 64 | 东平湖水库移民与区域发展 | 山东黄河河务局、河海大学 | 刘桂明、赵世来、余文学、陈洪山、曹洪升、施国庆、郭国全、杨玉林、谢安云、邱夏青 | 二等 | 2004 |

续附表 13

| 序号 | 项目名称 | 主要完成单位 | 主要完成人 | 级别 | 获奖年份 |
|---|---|---|---|---|---|
| 65 | 庆50型锯槽机修建混凝土垂直防渗墙技术 | 河南黄河工程局 | 彭德钊、王慧英、李慧德、魏春凤、朱学民、蔡长治、佘建国、高广灿、时永林、李少瑜 | 二等 | 2004 |
| 66 | 企业信息系统关键技术研究与开发 | 黄河勘测规划设计有限公司 | 陶富岭、张建宏、诸葛梅君、李哈、王四龙、薛秋芳、孟祥芳 | 三等 | 2004 |
| 67 | 钢筋混凝土建筑物老化修补与补强加固的试验研究 | 黄河水利科学研究院 | 沈凤生、李斌、何鲜峰、杨艳春、袁群、潘恕、常向前 | 三等 | 2004 |
| 68 | 三门峡水电厂轴流转浆式机组顶盖防淤积研究 | 三门峡黄河明珠（集团）公司水电厂 | 黄犀砚、陈前准、郭忠春、高梅英、李玉杰、赵芫苟、杨建良 | 三等 | 2004 |
| 69 | 工程抢险应急照明车研制 | 山东黄河东平湖管理局、山东黄河梁山机械厂 | 谢军、杨振善、刘兴燕、刘辉、张群峰、王洪春、张青竹 | 三等 | 2004 |
| 70 | 黄河下游工情险情会商系统 | 黄委防汛办公室、黄委信息中心 | 张金良、翟家瑞、李银全、王震宇、毕东升、娄渊清、祝杰、吴晖、姚保顺、张永、任齐、陈银太、周景芍、马晓、滕阳 | 一等 | 2005 |

续附表 13

| 序号 | 项目名称 | 主要完成单位 | 主要完成人 | 级别 | 获奖年份 |
|---|---|---|---|---|---|
| 71 | 黄河防洪预报调度与管理（耦合）系统 | 黄委防汛办公室,河海大学 | 廖义伟,郝振纯,张金良,罗健,翟家瑞,董增川,祝杰,杨海全,张永,程光,任伟,魏峰阳,李胜阳,陶新阳 | 一等 | 2005 |
| 72 | 黄河下游交互式三维视景系统开发研究 | 黄河勘测规划设计有限公司 | 王军良,王彤,谈皓,何刘鹏,张继勇,高庆方,牛卫华,王莉,陈伟,张国芳,马迎平,陈新燕,马麟,王蜜宝,李辉 | 一等 | 2005 |
| 73 | 水利工程维修养护定额标准研究 | 黄委财务局,黄河水利科学研究院、中国灌溉排水发展中心 | 徐乘,张红兵,瓣崇成,夏明海,苏铁,周明勤,张春芳,焦朴,田治宗,汪自力,许雨新,张建怀,何红生,李宝军,张行森 | 一等 | 2005 |
| 74 | 大型机械在黄河防洪抢险中的应用研究 | 河南黄河河务局 | 高兴利,王德智,周志诚,赵雨森,武宗海,曹兑军,王相武,张治安,成刚,史宗伟 | 二等 | 2005 |
| 75 | 黄河干流生态与环境需水研究 | 黄河流域水资源保护局 | 黄锦辉,郝伏勤,连煜,王新功,张建军,李群,末世霞,张世坤,管秀娟,王任翔 | 二等 | 2005 |
| 76 | 黑河下游额济纳地区生态综合整治技术研究 | 黄河水利科学研究院 | 李会安,黄福贵,陈江南,王自英,姜丙洲,楚永伟,张霞,罗玉丽,田玉青,张会敏 | 二等 | 2005 |

续附表 13

| 序号 | 项目名称 | 主要完成单位 | 主要完成人 | 级别 | 获奖年份 |
|---|---|---|---|---|---|
| 77 | 河南黄河可视化防汛预案管理系统 | 河南黄河河务局 | 赵勇、李荷香、高兴利、张建民、王东宁、张大永、周念减、陈全会、刘红卫、赵雨森 | 二等 | 2005 |
| 78 | 土工格栅堆石进占筑坝技术试验研究 | 菏泽黄河河务局 | 赵世来、付帮勤、王春迎、边一飞、龚西城、曹洪升、刘桂珍、董纪全、刘保生、马金韵 | 二等 | 2005 |
| 79 | φ615 mm 大口径孕镶金刚石复合体钻头设计研究及其在水利水电工程钻探硬岩层中的应用 | 黄河勘测规划设计有限公司 | 缪绪樟、易学文、杨裕恩、魏佩忠、贾正海、仇道健、刘晓波、邢光辉、李保平、李昏 | 二等 | 2005 |
| 80 | 河南黄河二级悬河治理研究与应用 | 河南黄河河务局 | 赵勇、张柏山、端木礼明、符建铭、李建培、张遂芹、黎桂喜、郭凤林、周念减、温小国 | 二等 | 2005 |
| 81 | 河南黄河电子政务系统开发及应用技术研究 | 河南黄河河务局 | 张柏山、陈全会、张建民、张丰周、常晓辉、何平安、李荷香、王俊杰、郝胜利、张付阳 | 二等 | 2005 |
| 82 | 堤防 CAD 系统开发与研究 | 黄河勘测规划设计有限公司 | 霍建伟、刘尧、郭朗文、宗志坚、马麟、郑喜勤、陈昭友 | 三等 | 2005 |

续附表 13

| 序号 | 项目名称 | 主要完成单位 | 主要完成人 | 级别 | 获奖年份 |
|------|----------|--------------|------------|------|----------|
| 83 | 薄体截渗墙入岩工法技术研究 | 新乡黄河河务局 | 张俊峰、高水传、韩松年、闫速见、刘高林、谢有成、李安忠 | 三等 | 2005 |
| 84 | 长管袋沉排潜坝技术研究及应用效果分析 | 新乡黄河河务局、黄河水利科学研究院 | 张柏山、江庆惠、周念斌、高水传、张林忠、张清、赵瑞金 | 三等 | 2005 |
| 85 | 黄河中游干旱规律、影响及预测研究 | 黄河水利科学研究院、中国气象局国家气象中心 | 康玲玲、杨文义、王云璋、王玲玲、王昌高、王琦、史学建 | 三等 | 2005 |
| 86 | 黄河水资源调度管理系统 | 黄委水资源管理与调度局、黄委信息中心、黄委水文局、黄河流域水资源保护局、黄河勘测规划设计有限公司 | 苏茂林、孙广生、乔西现、刘晓岩、王道席、石国安、王建中、王恒斌、谢明、高宏、王煜、可素娟、周康年、裴勇 | 特等奖 | 2006 |
| 87 | 维持黄河健康生命的研究与实践 | 黄河水利委员会 | 李国英、薛松贵、刘晓燕、李景宗、侯全亮、张原锋、张锁成、黄锦辉、杨希刚、张建中、李肖强、刘斌、张学成、刘立斌、李勇 | 特等奖 | 2006 |
| 88 | 黄河调水调沙理论与实践 | 黄河水利委员会 | 廖义伟、张金良、刘继祥、张俊华、张红月、薛松贵、赵咸榕、张永、翟家瑞、江恩惠、牛玉国、李文学、魏向阳、王震宇 | 特等奖 | 2006 |

附　表　　　　　　　　　　　　　　　　· 193 ·

续附表 13

| 序号 | 项目名称 | 主要完成单位 | 主要完成人 | 级别 | 获奖年份 |
|---|---|---|---|---|---|
| 89 | "数字黄河"工程研究与应用 | 黄河水利委员会 | 廖义伟、朱庆平、薛松贵、李银全、李景宗、安新代、娄渊清、杨希刚、刘文涛、王道席、王祥辉、王刚、孙建奇、寇怀忠 | 特等奖 | 2006 |
| 90 | 黄河中游粗泥沙集中来源区界定研究 | 黄委水文局、黄河水利科学研究院、黄河上中游管理局、陕西师范大学 | 徐建华、林银平、吴成基、喻权刚、左仲国、朱小勇、孙广平、任松长、高亚军、金双彦、王恋应、和晓茜、李雪梅、周鸿文、赵帮元 | 一等奖 | 2006 |
| 91 | 黄河下游游荡性河道河势演变机理及整治方案研究 | 黄河水利科学研究院、河南黄河河务局、黄委规划计划局、黄委总工程师办公室、黄河勘测规划设计有限公司 | 江恩惠、曹常胜、符建铭、曹永涛、张林忠、李建培、杨希刚、余欣、黎桂喜、申冠卿、刘燕、董年虎、周景芍、张遂芹、夏修杰 | 一等奖 | 2006 |
| 92 | 黄河水环境信息管理系统开发与应用 | 黄河流域水资源保护局 | 司毅铭、李东亚、吴青、王先锋、王金玲、赵合林、娄绍峰、牛永生、柴成果、王未顺、王丽伟、张颖、张豫、路武鸿 | 一等奖 | 2006 |
| 93 | 堆石体密度测定的动力参数法 | 黄河勘测规划设计有限公司 | 李玉武、郭玉松、王运生、薛云峰、杨积发、胡伟华、袁江海、崔琳、耿瑜平、张晓于、孙雅芳、李万海、田洪礼、何宝民、赵如昌 | 一等奖 | 2006 |

续附表 13

| 序号 | 项目名称 | 主要完成单位 | 主要完成人 | 级别 | 获奖年份 |
|---|---|---|---|---|---|
| 94 | 黄河三角洲胜利滩海油区海岸蚀退与防护研究 | 黄河口水文水资源勘测局、中国石化股份胜利油田分公司生产管理处 | 谷源泽、李中树、燕峒胜、蒲高军、张建华、徐丛亮、姜明星、李建军、耿忠亭、牟本成 | 二等奖 | 2006 |
| 95 | 黄河下游游荡性河段切滩导流技术研究 | 河南黄河河务局 | 王德智、李国繁、周念斌、耿明全、成刚、刘红卫、吕锐捷、刘培中、高兴利、张佑民 | 二等奖 | 2006 |
| 96 | 数控拧扣钢（铝）网片编织机研制 | 山东黄河河务局 | 孟祥文、刘大志、赵世来、钮平章、王宗波、吴家茂、葛丽荣、孙丽娟、陈秀娟、张云生 | 二等奖 | 2006 |
| 97 | 回龙抽水蓄能电站库盆岩体非连续介质渗流模拟新方法与防渗新工艺研究及应用 | 黄河勘测规划设计有限公司、清华大学 | 毛文然、王恩志、李泽民、李昂、吴海亮、黄远智、马新平、王贵军、吴长征 | 二等奖 | 2006 |
| 98 | 新型分布式智能堤坝隐患综合探测系统研制 | 山东黄河河务局、复旦大学 | 刘建伟、张炳龙、赵世来、刘克强、崔建中、赵根群、李长海、王维宜、郝彩萍 | 二等奖 | 2006 |
| 99 | 水土保持生态环境建设对黄河水资源和泥沙影响评价方法研究 | 黄河水利科学研究院、黄委水文局、水土保持研究所 | 陈江南、王云璋、徐建华、王国庆、熊维新、康玲玲、穆兴民、吴发启、金双彦、史学建 | 二等奖 | 2006 |

续附表 13

| 序号 | 项目名称 | 主要完成单位 | 主要完成人 | 级别 | 获奖年份 |
|---|---|---|---|---|---|
| 100 | 聚束直流电阻率法探测系统研究 | 黄河水利科学研究院、湖南继善高科技有限公司、中国地质大学地球物理与空间信息学院 | 冷元宝、朱文仲、乔惠忠、何继善、王锐、李长征、徐义贤、周杨、杨勇、马新兄 | 二等奖 | 2006 |
| 101 | 黄河下游滩区生产堤利弊分析研究 | 河南黄河河务局 | 赵勇、张柏山、端木礼明、耿明全、周念斌、贾新平、齐海龙、赵连军、李永强、王广欣 | 二等奖 | 2006 |
| 102 | 河南黄河防洪工程查险管理系统 | 河南黄河河务局 | 王德智、周念滋、成刚、张建民、贾敬立、赵雨森、梅龙、刘红卫、杨辉、陈群珠 | 二等奖 | 2006 |
| 103 | 洛河故县水库汛期限制水位的设计与运用研究 | 故县水利枢纽管理局、黄委防汛办公室、黄河勘测规划设计有限公司 | 刘红宾、王玉峰、刘红珍、李致家、吴泽宁、张金良、罗贯忠、陈印刚、王通战、李保国 | 二等奖 | 2006 |
| 104 | 10FGKN−30 非金属高效抗磨泥浆泵研制 | 山东黄河河务局、济南黄河鼎立实业有限公司 | 赵世来、邱法财、王宗波、孙泉波、李长海、郝彩萍、苏琳琳、王东桂、张昭平、刘兴海 | 二等奖 | 2006 |
| 105 | 工程抢险现场管理运行系统的研究与开发 | 河南黄河河务局、焦作黄河河务局、孟州黄河河务局 | 李富中、张伟中、高兴利、曹金刚、刘红卫、许发文、李绍谦、靳武生、任玉苗、郭书枝 | 二等奖 | 2006 |

续附表 13

| 序号 | 项目名称 | 主要完成单位 | 主要完成人 | 级别 | 获奖年份 |
|---|---|---|---|---|---|
| 106 | 远程控制式自动旋喷水枪 | 开封第一黄河河务局 | 崔武,闫国杰,李中华,李琦,孟昭岭,务新超,赵晨霞,谷礼新,张永正,袁伟 | 二等奖 | 2006 |
| 107 | 三门峡水电站 1#～3# 发电组及主接线系统技术改造研究 | 三门峡黄河明珠(集团)有限公司 | 黄犀砚,薛敬平,刘卫东,姜胜平,张齐晶,尚高贤,李骏风,许建军,范宗方,史晓梅 | 二等奖 | 2006 |
| 108 | 黄河堤防工程放淤固堤设计的合理宽度研究 | 黄河水利科学研究院 | 潘恕,常向前,高航,赵寿刚,张俊霞,王笑冰,兰献颖,杨小平,李斌 | 二等奖 | 2006 |
| 109 | 山东东明黄河大堤纵向裂缝形成机理及防治对策研究 | 黄委建设与管理局 | 张俊峰,沈细中,杨明云,王银山,张庆彬,赵寿刚,兰雁 | 三等奖 | 2006 |
| 110 | KPB 型开槽破冰机 | 垦利黄河河务局 | 宋振利,张桂兰,胡玉林,卢振峰,闫宝柱,娄圣强,宋金玉 | 三等奖 | 2006 |
| 111 | 砂卵石地层及基岩软弱夹层金刚石钻进技术研究 | 黄河勘测规划设计有限公司 | 缪绪樟,杨裕恩,刘普选,易学文,李保平,王继承,邢光辉 | 三等奖 | 2006 |
| 112 | 黄河机淤固堤吹填施工沉降量试验研究 | 开封黄河河务局 | 崔武,尉小生,闫国杰,何金泰,务新超,胡相杰,王玉晓 | 三等奖 | 2006 |
| 113 | 水利土石方工程自动核算系统 | 开封黄河河务局 | 朱松立,王永川,张希玉,张汉华,邵绘涛,杨昆鹏 | 三等奖 | 2006 |

续附表 13

| 序号 | 项目名称 | 主要完成单位 | 主要完成人 | 级别 | 获奖年份 |
|---|---|---|---|---|---|
| 114 | 黄河下游游荡性河道进一步整治新方法研究 | 黄河水利科学研究院 | 齐璞,孙赞盈,高航,苏运启,刘斌,黎桂喜,武彩萍 | 三等奖 | 2006 |
| 115 | 维持黄河下游排洪输沙基本功能的关键技术研究 | 黄河水利科学研究院,中国水利水电科学研究院,清华大学 | 姚文艺,李勇,胡春宏,张金良,张原锋,苏运启,曲少军,陈建国,余欣,王卫红,孙赞盈,戴清,吴保生,李永亮 | 一等奖 | 2007 |
| 116 | 东平湖三维防汛决策支持系统 | 山东黄河河务局,山东省国土测绘院,山东黄河河务局东平湖管理局,山东黄河信息中心 | 郝金之,王昌慈,张仰正,戴明谦,梁建锋,刘洪才,任汝信,孙惠杰,相佰茂,钟全宝,童国庆,王洪春,陈雯,火传斌,王义学 | 一等奖 | 2007 |
| 117 | 水利国有资产管理信息系统 | 黄委财务局,郑州黄河河务局财务处,郑州天诚信息工程有限公司 | 张建华,李文民,马奉昌,范朋西,朱文明,雷洪涛,司权,赵新征,朱艾钦,范琳 | 二等奖 | 2007 |
| 118 | 防汛现场指挥与直播系统 | 山东黄河河务局,山东黄河信息中心 | 郝金之,江廷山,刘洪才,钟新生,徐学军,孙惠杰,辛洪海,毕学东,张仰正 | 二等奖 | 2007 |
| 119 | 黄河水利工程招投标管理系统 | 黄委建设与管理局,黄委信息中心 | 张俊峰,杨明云,李银全,徐新华,赵学民,岳松涛,刘学工,苗长运,高新平,王艳洲 | 二等奖 | 2007 |

续附表 13

| 序号 | 项目名称 | 主要完成单位 | 主要完成人 | 级别 | 获奖年份 |
|---|---|---|---|---|---|
| 120 | 河南黄河势查勘系统的研制与应用 | 河南黄河河务局规划计划处、河南瑞达信息技术有限公司 | 张柏山、李建培、符建铭、张建民、杨辉、黎桂喜、王俊杰、王以生、朱建奎、肖会范 | 二等奖 | 2007 |
| 121 | 黄河干流水轮机磨蚀与防护技术 | 黄河水利科学研究院、华北水利水电学院 | 冯国斌、何筱奎、陈德新、殷豪、任岩、玲花、武现治、张雷、刘晶、陈海潮 | 二等奖 | 2007 |
| 122 | 黄河泥沙粒度分析目标函数回归模型研究 | 黄委水文局 | 和瑞莉、吾俊峰、牛占、李静、谷源泽、王爱霞、郭宝群、詹仕娥、张家军、罗思武 | 二等奖 | 2007 |
| 123 | 建筑地基基础现场测试技术研究 | 黄河勘测规划设计有限公司 | 张晓子、谢向文、郭玉松、李万海、张宪君、田洪礼、范秦军、崔琳、王建庄、赵英飞 | 二等奖 | 2007 |
| 124 | 黄河河口窑沙区研究 | 黄委黄河口研究院 | 程义吉、许建中、杨晓阳、张光森、杨升全、延若新、郭慧敏、孙亭刚、王春华、郭凤英 | 二等奖 | 2007 |
| 125 | 黄河水利工程管理运行机制的研究与建立 | 黄委建设与管理局、黄河水利科学研究院 | 张俊峰、朱太顺、张喜泉、张东方、岳瑜素、崔建中、汪自力、张晓华、张厚玉、向红生 | 二等奖 | 2007 |

续附表 13

| 序号 | 项目名称 | 主要完成单位 | 主要完成人 | 级别 | 获奖年份 |
|---|---|---|---|---|---|
| 126 | 黄河河口挖河固堤工程综合研究 | 黄河河口管理局 | 李士国、由宝宏、孙玉勤、李敬义、刘景国、王宗文、鲁泽秀、石怀伦、毕秀丽、李宏伟 | 二等奖 | 2007 |
| 127 | 三门峡大坝安全监测系统改造 | 三门峡黄河明珠（集团）有限公司工程管理分局 | 刘红宾、薛敬平、禹洪海、周建强、王国松、王青、韩左雷 | 三等奖 | 2007 |
| 128 | HC-3型黄河堤防维修养护专用车 | 山东黄河梁山机械厂 | 刘兴燕、陈兆伟、吴家茂、张庆彬、杨振善、刘辉、张群峰 | 三等奖 | 2007 |
| 129 | 黄河放淤固堤施工技术研究 | 开封黄河河务局第一黄河河务局 | 朱松立、孟昭岭、赵晨霞、务新超、聂伟、刘治涛 | 三等奖 | 2007 |
| 130 | 旋铣式成槽机 | 新乡黄河河务局封丘黄河河务局 | 刘培中、宋自义、李安忠、高水传、章志锋、王兆卿、赵金铭 | 三等奖 | 2007 |
| 131 | 黄委网络音视频点直播系统开发应用 | 黄委信息中心、黄委办公室 | 齐子海、雷平、刘旭东、郑丹、侯俊伟、朴秋萍 | 三等奖 | 2007 |
| 132 | 挖掘机辅爪气气动润清装置的研制及应用 | 豫西黄河河务局孟津黄河河务局 | 王宏州、刘景涛、王万杜、王占国、李建奇、武跃铁生、刘强 | 三等奖 | 2007 |
| 133 | 堤坝根石位移智能监测系统 | 河南黄河河务局郑州黄河河务局、郑州黄河天诚信息工程有限公司、郑州黄河河务局惠金黄河河务局 | 司权、仵海英、余孝志、王小远、刘遂林、史宗伟、石洪波 | 三等奖 | 2007 |
| 134 | 自行式组合清淤船 | 新乡黄河河务局原阳黄河河务局、河南黄河河务局供水局新乡供水分局 | 遂洪波、赵义彬、王爱玲、吉苗、张健、张效常、李宝军 | 三等奖 | 2007 |

续附表 13

| 序号 | 项目名称 | 主要完成单位 | 主要完成人 | 级别 | 获奖年份 |
|---|---|---|---|---|---|
| 135 | 黄河下游引黄灌区基础信息数据库系统建设 | 黄河水利科学研究院 | 詹子胜、罗玉丽、陈伟伟、曹惠提、卞艳丽、黄福贵、张会敏 | 三等奖 | 2007 |
| 136 | 数字化水位观测处理系统研究 | 山东黄河务局菏泽黄河务局 | 梁灿、丁惠新、郑付生、李京生、郭文、张丙夺 | 三等奖 | 2007 |
| 137 | T－254 前装后挖工程车 | 山东黄河梁山机械厂 | 刘兴燕、吴家茂、张庆彬、杨振善、刘辉、张群峰、王洪春 | 三等奖 | 2007 |
| 138 | 小浪底水库拦沙初期水库泥沙研究 | 黄河水利科学研究院 | 张俊华、陈书奎、李书霞、马怀宝、王艳平、石标钦、王岩、田凯、和瑞勇、陈孝田、蒋思奇、李涛、李昆鹏、怀恋、马涛 | 一等奖 | 2008 |
| 139 | 黄河下游长远防洪形势和对策研究 | 黄河勘测规划设计有限公司、黄委规划计划局 | 李文家、张同德、李海荣、安催花、何子川、张会言、王敏、胡建华、杜王海、张志红、侯晓明、周丽艳、王红声、刘生云、王宝王、王 | 一等奖 | 2008 |
| 140 | 多沙河流洪水演进与冲淤演变数学模型研究及应用 | 黄河水利科学研究院、武汉大学、华北水利水电学院 | 江恩惠、赵连军、张红武、韦直林、刘雪梅、谈广鸣、张清、陈书奎、赵新建、曹永涛、马怀宝、董其华、黄鸿海、余欣、郑春梅 | 一等奖 | 2008 |
| 141 | 水沙变异条件下黄河下游河道再造床机理及调控对策研究 | 黄河水利科学研究院 | 李文学、胡春宏、李勇、吴保生、曲少军、曹文洪、王卫红、陈建国、张晓华、韦直林、郭庆超、苏运启、李小平、陈绪坚、侯志军 | 一等奖 | 2008 |

续附表 13

| 序号 | 项目名称 | 主要完成单位 | 主要完成人 | 级别 | 获奖年份 |
|---|---|---|---|---|---|
| 142 | 堤防堵口及水中快速筑坝新技术研究与应用 | 河南黄河河务局 | 高兴利,周念斌,刘红卫,赵雨森,曹克军,符建铭,朱松立,佐海英,高超,苏本超,史宗伟,武良海,贾敬立,刘恒,朱学 | 一等奖 | 2008 |
| 143 | 黄河水环境质量监测关键技术研究 | 黄河流域水资源保护局 | 司毅铭,吴青,张曙光,周艳丽,李群,渠康,康伊丹,王金玲,曾水,同桂云,郭正,王霞,刘昕宇,陈希媛,周文娜 | 一等奖 | 2008 |
| 144 | 黄河多沙粗沙区分布式土壤流失评价预测模型及支持系统研究 | 黄河水利科学研究院,河海大学,河南大学 | 姚文艺,史学建,陈界仁,秦奋,杨涛,王玲玲,肖培青,高航,田凯,彭红,韩志刚,李勉,赵海镜,解河海,康玲玲 | 一等奖 | 2008 |
| 145 | 黄河水质监测实验室自动化改造关键技术引进开发与研究 | 黄河流域水资源保护局 | 曾水,王丽伟,王金玲,郭正,赵维征,渠康,王霞,周艳丽,李兵,李王洪,樊引琴,陈毅华,娄彦兵,刁立芳,卿秋松 | 一等奖 | 2008 |
| 146 | 黄河凌情资料复核整编及凌情特性研究 | 黄委水文局,黄委规划计划局,南京水利科学研究院 | 王玲,董雪娟,姚惠明,司素娟,李雪梅,钱云平,秦福兴,林银平,饶素秋,张春岚,沈国昌,王敏,何丽,杨特群,朱瑞鹏 | 一等奖 | 2008 |
| 147 | 集成式多功能移动维修养护工作站 | 焦作黄河河务局孟州黄河河务局 | 宋艳萍,王世英,行作贵,师树标,安勇,穆会成,李怀志,王磊 | 一等奖 | 2008 |

续附表13

| 序号 | 项目名称 | 主要完成单位 | 主要完成人 | 级别 | 获奖年份 |
|---|---|---|---|---|---|
| 148 | 河南黄河防汛抗旱指挥调度综合运用系统 | 河南黄河河务局，河南瑞达信息技术有限公司 | 端木礼明、周念斌、成刚、张建民、赵雨森、梅龙、崔锋周、罗怀新、贾敬立、刘红卫、王俊杰、罗熙、牛广舜、靳学军、彭虹帆 | 一等奖 | 2008 |
| 149 | 应急抢险现场视频直播及会商系统 | 黄委信息中心 | 李颖秦文海、刘旭东、蔡捷、陈晓明、袁卫宁、徐建军、刘琰、王准灵、牛晋、林韬、孙定、李平华、赵觉业、李端平 | 一等奖 | 2008 |
| 150 | 泥质砂岩地区水土流失现状及治理途径调研 | 黄委西峰水土保持科学试验站 | 李敏、王愿昌、吴永红、闫德安、张纳君、拓俊绂、范小玲、寇权、王建峰、赵怀玉 | 二等奖 | 2008 |
| 151 | 黑河水量调度业务处理与综合监视系统 | 黄委信息中心、黄委黑河流域管理局，河海大学 | 杨扬、安东、丁斌、娄渊胜、任韶美、张婕、于波、王恒斌、刘同、赵阳 | 二等奖 | 2008 |
| 152 | 黄河下游河段水量平衡研究 | 黄河水文水资源科学研究院、黄委水资源管理与调度局，河海大学水文水资源学院 | 李红良、李晓宇、李东、吕祉庆、刘俊卿、张广海、姜明星、荣晓明、慕明清、吴岩 | 二等奖 | 2008 |
| 153 | 轴流转桨式水轮机转轮体修复技术研究 | 三门峡黄河明珠（集团）有限公司 | 李建明、张中选、马红星、彭晓强、陈綵、张振华、黄威、陈前准、王青贤、史晓梅 | 二等奖 | 2008 |
| 154 | 黄河三角洲地区黄河堤坝生物防护技术及生态经济效益评价研究 | 黄河河口管理局，山东省林业科学研究院 | 陈兆伟、王宗文、裴明胜、宋振利、王新波、刘艳景、杨丽霞、王乾、陈庆胜、闫宝柱 | 二等奖 | 2008 |

续附表 13

| 序号 | 项目名称 | 主要完成单位 | 主要完成人 | 级别 | 获奖年份 |
|---|---|---|---|---|---|
| 155 | 土壤湿度控制的数字化高效节水灌溉系统 | 河南黄河园林绿化工程有限公司 | 刘同凯、肖磊、靳学东、尚向华、韩毅、梁丽、张桂菊、薛晓娜、肖会范、郭卿 | 二等奖 | 2008 |
| 156 | 中常洪水河道整治工程重大险情出险原因与对策研究 | 山东黄河河务局 | 陈海峰、薛庆宇、龚西城、武模革、程怡萱、王洪喜、刘小红、郭庆、郭文、韩亚娟 | 二等奖 | 2008 |
| 157 | 黄河流域主要用水区用水规律及高效用水管理技术研究 | 黄河水利科学研究院 | 张文鸽、黄福贵、李皓水、蒋晓辉、詹子胜、何宏谋、曹慧提、郑利民、荆新爱、杨文丽 | 二等奖 | 2008 |
| 158 | 开槽机同步铺塑防渗技术研究与应用 | 河南中建水电工程有限公司 | 刘培中、高永传、张昭、尚永立、范国群、刘飞、王飞燕、赵建军、麻永涛、李海军 | 二等奖 | 2008 |
| 159 | 120 t 双体承压舟研制 | 济南黄河船舶工程处、山东大学建材与建设机械研究中心 | 周海潮、邢俊阔、孙志伟、曹瑞祥、孙立华、部杰、马林祥、程治保、王志、王亮 | 二等奖 | 2008 |
| 160 | 双向出料料式泥土装袋机及装输系统的研制和应用 | 焦作黄河河务局武陟第一黄河务局 | 张伟中、李怀前、翟少华、孟虎生、赵铁、左照林、杨松林、原小利、王文东、何红生 | 二等奖 | 2008 |
| 161 | LYC－3T 型沥青路面综合养护车 | 山东黄河梁山机械厂、山东黄河河务局河务局建管处 | 刘兴燕、陈兆伟、吴家茂、张庆彬、杨振善、张群峰、刘辉、杨玉林、李兆良、王洪春 | 二等奖 | 2008 |
| 162 | QGC 型气动割草机 | 黄河河口管理局垦利黄河河务局、中国石油大学(华东) | 宋振利、陈琦、胡玉林、宋建华、宋金王、陈建武、宋相河、张桂兰、蒋霞、马龙 | 二等奖 | 2008 |

续附表 13

| 序号 | 项目名称 | 主要完成单位 | 主要完成人 | 级别 | 获奖年份 |
|------|----------|--------------|------------|------|----------|
| 163 | 堤顶路面排水沟多功能清扫车 | 郑州黄河河务局惠金黄河河务局 | 孙广伟,张建永,伫海英,张东风,刘剑钊,郭小红,张玥,张双双,刘随林,孟水 | 二等奖 | 2008 |
| 164 | 河南黄河多功能防汛抢险船研究与应用 | 河南黄河河务局开封黄河河务局,黄河水利职业技术学院 | 崔武,郑万勇,闫国杰,朱松立,葛明,王燦原,杨昆鹏,裵伟,徐宝强,张断英 | 二等奖 | 2008 |
| 165 | 机械化装抛铅丝笼研制与应用 | 豫西黄河河务局孟津黄河河务局 | 王中峰,王宏州,王万杜,王占国,李建奇,武铁生,刘强,赵宝印,尹高峰,冯海博 | 二等奖 | 2008 |
| 166 | 黄河下游堤防暴雨径流侵蚀机理及防治措施研究 | 新乡黄河河务局封丘黄河河务局,黄河水利科学研究院 | 宋自义,高永传,赵金铭,周念凇,张敏,孙娟,程献国,席合华,罗玉丽,王建营 | 二等奖 | 2008 |
| 167 | 水库金属浮箱养殖西伯利亚鲟鱼关键技术研究 | 洛阳洛宇水产有限公司 | 许炳础,南冲凡,闫进军,金润高,李要林,郭新波,乔明超 | 三等奖 | 2008 |
| 168 | 黄河小北干流河段"揭河底"规律分析研究 | 黄河小北干流山西河务局,黄河水利科学研究院 | 郭全明,李强坤,李勇,钟恩励,潘正彬,张会敏,马继峰 | 三等奖 | 2008 |
| 169 | 黄河防洪工程施工风险管理系统研究 | 河南中原黄河工程有限公司 | 刘培中,高永传,李河,赵瑜,范国群,郭西方,赵振国 | 三等奖 | 2008 |
| 170 | 建立基于卫星的黄河流域水监测和河流预报系统 | 黄委水文局,荷兰环境分析与遥感咨询公司(EARS),联合国国际科教文组织—IHE 水教育学院,黄委国际合作与科技,荷兰荷丰公司 | 谷源泽,赵卫民,Andries Rosema,尚宏,王春青,任松长,刘晓伟,饶素秋,戴东,张勇,Raymond Venneker,邱淑伟,温丽叶,孙凤,鲁承阳 | 一等奖 | 2009 |

**续附表 13**

| 序号 | 项目名称 | 主要完成单位 | 主要完成人 | 级别 | 获奖年份 |
|---|---|---|---|---|---|
| 171 | 黄河河道整治工程根石探测技术研究与应用 | 黄河勘测规划设计有限公司、黄委防汛办公室、黄委国际合作与科技局、黄河水利科学研究院、黄委建设与管理局 | 胡一三、郭玉松、谢向文、张晓予、冷元宝、张宪君、马爱玉、王志勇、刘建明、黄淑阁、董保华、符建铭、王震宇、张喜泉、张建中 | 一等奖 | 2009 |
| 172 | 南水北调西线工程综合数据管理与服务平台 | 黄河勘测规划设计有限公司 | 景来红、陶富岭、王学潮、霍建伟、刘尧、高庆方、侯清波、郑喜勤、万惊涛、陈新燕、张强、胡燚、刘振红、史志平、王燕 | 一等奖 | 2009 |
| 173 | 钢筋混凝土隧洞内衬钢板灌胶加固技术研究 | 黄河勘测规划设计有限公司、河南岭南高速公路有限公司、国网新源控股有限公司回龙分公司 | 邵力群、侯建军、张廷明、宋修昌、李明远、王志刚、曹国利、毛羽、郑春洲、董崇民、薛彦岭、刘学东、郑宇、胡松涛、张贵然 | 一等奖 | 2009 |
| 174 | 利用河沙制作防汛石料关键技术研究 | 黄河水利科学研究院、黄委防汛办公室、水利部堤防安全与病害防治工程技术研究中心、河南黄科工程技术检测有限公司 | 高航、张金良、王震宇、王萍、杨勇、郑光和、赵圣立、张希玉、李跃伦、常向前、邵菁、毕生、宋海亭、周景芍、鲁立三 | 一等奖 | 2009 |
| 175 | 悬臂浇筑辊轴行走式轻型三角挂篮的研制与应用 | 山东黄河工程集团有限公司 | 霍正存、宋淑平、赵洪林、郝红漫、韩克伟、张成玉、杨景国、王孝军、陈开峰、赵吉生、张灏、李方跃 | 一等奖 | 2009 |

续附表 13

| 序号 | 项目名称 | 主要完成单位 | 主要完成人 | 级别 | 获奖年份 |
|---|---|---|---|---|---|
| 176 | 堤坝安全监测信息分析评价系统开发研究 | 黄河水利科学研究院,水利部堤防安全与病害防治工程技术研究中心 | 何鲜峰,王爱萍,乔瑞社,郝伯瑾,宋万增,李信,吕秀环,高玉秦,余元保,校永志 | 二等奖 | 2009 |
| 177 | 大理河流域水土保持生态工程建设的减沙作用研究 | 黄委西峰水土保持科学试验站,西安理工大学,黄河水土保持生态环境监测中心 | 冉大川,李占斌,李鹏,刘斌,喻权刚,张志萍,罗全华,亢伟,马宁,侯建才 | 二等奖 | 2009 |
| 178 | 自行自控快速装袋机 | 山东黄河河务局滨州黄河河务局,山东黄河河务局财务处 | 程艳红,郭俭,王建国,曹洪海,郭洪义,兰光芹,冯延海,王广林,李生,周爱平 | 二等奖 | 2009 |
| 179 | 黄河下游水闸老化病害评估系统的开发与应用研究 | 山东黄河河务局,山东大学土建与水利学院 | 王银山,陈兆伟,王广月,曲志远,王新波,戚志波,李建志,孙明利,王春艳,曹洪升 | 二等奖 | 2009 |
| 180 | 机械锥探式根石探测技术的研究与应用 | 新乡黄河河务局长垣黄河河务局 | 杨志良,刘培中,李安忠,高兴利,刘云生,谢有成,张喜泉,温红杰,曹克军,刘红卫 | 二等奖 | 2009 |
| 181 | 轴流转桨式水轮机主轴密封改造研究 | 三门峡黄河明珠(集团)有限公司水力发电厂 | 黄犀砚,郭忠春,陈前淮,张武斌,张志勇,王金平,高梅英,杨建良,李玉杰,王鹏飞 | 二等奖 | 2009 |

续附表 13

| 序号 | 项目名称 | 主要完成单位 | 主要完成人 | 级别 | 获奖年份 |
|---|---|---|---|---|---|
| 182 | 水轮发电机推力油雾正漏装置的研究 | 三门峡黄河明珠（集团）公司三门峡水电厂 | 陈前准、高梅英、郭思春、赵宪荷、胡胜利、李玉杰、王鹏飞、付玉杰 | 二等奖 | 2009 |
| 183 | 铝丝笼抓抛器的研制与应用 | 郑州黄河河务局惠金黄河河务局 | 仵海英、张玉山、刘德龙、孙亚明、张艳、刘冰、顾凯、谢爱红、张海鹰、弓小翠 | 二等奖 | 2009 |
| 184 | 黄河下游近代河床变迁地质研究 | 黄河勘测规划设计有限公司、河海大学 | 李金都、周志芳、景来红、路新景、李清波、戴其祥、王铜国、应敬浩、张书光、都兴波 | 二等奖 | 2009 |
| 185 | 河南黄河水情实时监测及洪水分析系统 | 河南黄河河务局防汛办公室、河南瑞达信息技术有限公司 | 李国繁、周念斌、罗听新、张建民、郭喜有、王俊杰、罗熙、李扬、王中奎、岳仁义 | 二等奖 | 2009 |
| 186 | 黄河重大水污染事件应急监测及应对处置研究 | 黄河流域水资源保护局 | 李群、王丽伟、张学峰、樊引琴、张军献、郭正、张宁、赵山峰、王绪、刘江 | 二等奖 | 2009 |
| 187 | 多功能斜坡式割草机 | 新乡黄河河务局长垣黄河河务局、河南黄河河务局 | 刘培中、吕铭捷、高永传、李安忠、艾兴旺、赵广福、赵玉新、范国群、卢晓莉、侯国伟 | 二等奖 | 2009 |
| 188 | KG-60一体化栽树机 | 焦作黄河河务局孟州黄河河务局、河南黄河河务局 | 宋艳萍、行作荣、王世英、朱建奎、胡相杰、吕铭捷、师树标、郑元林、王磊、刘书民 | 二等奖 | 2009 |
| 189 | 三门峡水电厂 6 号主变压器绝缘处理研究 | 明珠机电工程有限责任公司 | 史晓梅、田群、姜胜平、史铁山、田建军、王万良、宁建华、许建军、张亮、聂伊善 | 二等奖 | 2009 |

续附表 13

| 序号 | 项目名称 | 主要完成单位 | 主要完成人 | 级别 | 获奖年份 |
| --- | --- | --- | --- | --- | --- |
| 190 | 黄河下游放淤固堤工程淤背体快速排水技术研究 | 山东黄河河务局菏泽黄河河务局 | 杨建,张宝岭,沈细中,郑付生,张曙光,孙玉民,董洪灿 | 三等奖 | 2009 |
| 191 | 新型节能型风力抽水机的研制与应用 | 郑州黄河河务局中牟黄河河务局 | 高建伟,刘云生,张汝印,谢有成,白明放,刘全国,校文庆 | 三等奖 | 2009 |
| 192 | 防汛抢险液压打桩拔桩机的研制及应用 | 濮阳黄河河务局第二黄河河务局 | 牛银红,管金生,李德民,李晨涛,崔魏魏,冯彦青,李震军 | 三等奖 | 2009 |
| 193 | LD－1300型履带式割草机 | 济南黄河河务局济阳黄河河务局 | 俞宪海,刘桂银,钱万钧,李庶玉,谢家汉,王先平,许景海 | 三等奖 | 2009 |
| 194 | 路面砼化机的研制与应用 | 豫西黄河河务局济源黄河河务局 | 王宏州,刘有战,卢中州,周红霞,薛志强,王云雷,王瑞芳 | 三等奖 | 2009 |
| 195 | 牵引式防汛冲锋舟储运车的研制与应用 | 新乡黄河河务局原阳黄河河务局 | 王勇普,杨秀勤,温红杰,张昭,宋自义,章志锋,暴瑞芳 | 三等奖 | 2009 |
| 196 | 提高防汛自卸汽车使用效能的辅助装置研制与应用 | 开封黄河河务局第一机动抢险队 | 孟昭岭,周彦林,崔武,吴同岭,肖玥,张俊海,霍庆发 | 三等奖 | 2009 |
| 197 | 三门峡水利枢纽防汛电源改造工程研究 | 三门峡黄河明珠（集团）有限公司,黄委工程管理分局 | 刘红兵,薛敬平,范宗方,王宏耀,石书强,史晓梅,张民强 | 三等奖 | 2009 |
| 198 | 黄河流域水资源利用与保护关键技术研究 | 黄河勘测规划设计有限公司,黄委水文局,黄河流域水资源保护局,黄委规划计划局 | 薛松贵,张会言,张新海,张俊峰,张学成,王煜,杨立彬,张建军,潘启民,王敏,彭少明,龚华,杨国宪,张晓华 | 一等奖 | 2010 |

续附表 13

| 序号 | 项目名称 | 主要完成单位 | 主要完成人 | 级别 | 获奖年份 |
|---|---|---|---|---|---|
| 199 | 黄河小花间暴雨洪水预报耦合系统 | 黄委水文局 | 赵卫民、王庆斋、王春青、陶新、温丽叶、颜亦琪、史玉品、张荣刚、李学春、邱淑会、张利娜、张勇、杨健、赵蕾、侯博 | 一等奖 | 2010 |
| 200 | 黄河环境流研究 | 黄河水利科学研究院、黄河水资源保护科学研究所、黄委水资源管理与调度局、黄委国际合作与科技局、华北水利水电学院 | 刘晓燕、李小平、张原锋、张建军、申冠卿、侯素珍、黄锦辉、王卫红、可素娟、常晓辉、张学成、王道席、曲少军、王新功、张建中 | 一等奖 | 2010 |
| 201 | 大跨度液压上翻转式闸门的研究与应用 | 黄河勘测规划设计有限公司 | 景来红、陈霞、丁兰忠、杨光、王春、陈丽晔、张俊清、李艳春、熊思红、毛明令、乔为民、杜伟峰、姚宏超、王国栋、周伟 | 一等奖 | 2010 |
| 202 | 黄河下游河道整治约束机制及黄河泥沙调控效应 | 黄河水利科学研究院、清华大学、水利部黄河泥沙重点实验室 | 张俊华、张红武、陈书奎、江恩惠、钟钰、李书霞、马怀宝、赵连军、吴腾、胡德超、曹永涛、李涛、蒋志奇、王婷、卜海磊 | 一等奖 | 2010 |
| 203 | 黄河流域面源污染调查估算及对水质影响研究 | 黄河流域水资源保护局、黄委规划计划局 | 郝伏勤、黄锦辉、管秀娟、闫莉、杨艳春、张世坤、王任翔、田依林、彭勃、郝岩彬、程伟 | 一等奖 | 2010 |
| 204 | 黄河中常洪水变化研究 | 黄河勘测规划设计有限公司、黄委规划计划局、黄委水文局 | 张会言、李海荣、张志红、刘红珍、王敏、张学成、王彤、何刘鹏、李继伟、许明一 | 二等奖 | 2010 |

续附表 13

| 序号 | 项目名称 | 主要完成单位 | 主要完成人 | 级别 | 获奖年份 |
|---|---|---|---|---|---|
| 205 | 钻孔压水试验综合测试仪的研制与应用 | 黄河勘测规划设计有限公司 | 缪绪模、易学文、郭明、周晓、彭力军、杨裕恩、张宪君、李文龙、王栋、郭孟起 | 二等奖 | 2010 |
| 206 | 在线湿法粒度分析（OPUS）技术研究 | 黄委水文局 | 吉俊峰、郭相秦、牛占、王海明、和晓应、牛长喜、王爱霞、谷源泽、和瑞莉、王丙轩 | 二等奖 | 2010 |
| 207 | 渭河下游洪水预报模型研究及系统开发 | 黄委水文局 | 刘晓伟、赵卫民、王庆高、许珂艳、狄艳艳、陶新新、李杨俊、刘吉峰、冯玲、刘龙庆 | 二等奖 | 2010 |
| 208 | 青铜峡灌区农业非点源污染负荷及控制措施研究 | 黄河水利科学研究院引黄灌溉工程技术研究中心 | 李强坤、张会敏、陈伟伟、胡亚伟、陈天伟、王立明、侯爱中、荆爱婷、张学文 | 二等奖 | 2010 |
| 209 | ZG－1230 型自行式电动割草机研制 | 山东黄河梁山机械厂 | 刘兴燕、吴家茂、李新立、潘素玲、李兆良、张群峰、程立新、王洪春、曲国贞、李德建 | 二等奖 | 2010 |
| 210 | 干旱区主要作物农田覆盖措施下非充分灌溉制度 | 黄河水利科学研究院 | 景明、程献国、胡亚伟、孙娟、王军涛、段志勇、陈伟伟、施煦林、赵元忠、荆新爱 | 二等奖 | 2010 |
| 211 | 水利工程管理体制改革后评估研究 | 黄河水利科学研究院、黄委建设与管理局 | 岳瑜素、汪自力、田治宗、郜国明、周莉、邓宇、于国卿、张晓华、顾列亚、李建军 | 二等奖 | 2010 |
| 212 | PTW－A 型平头王自行式宽幅割草机的研制与应用 | 郑州黄河务局巩义黄河务局 | 秦金虎、刘铁锤、艾志峰、张治安、范晓乐、关红兵、刘平、黄鲜芬、张永强、宋宝王 | 二等奖 | 2010 |

续附表 13

| 序号 | 项目名称 | 主要完成单位 | 主要完成人 | 级别 | 获奖年份 |
|---|---|---|---|---|---|
| 213 | 平面宽幅铝丝网片编织机研制 | 新乡黄河河务局长垣黄河河务局 | 陆相立、赵金铭、冯月忠、冯长宾、范国群、王广利、卢晓莉、李友泉、李磊、李国玺 | 二等奖 | 2010 |
| 214 | 三门峡水电站 7 号水轮机调速器主配引导阀改造研究 | 三门峡黄河明珠(集团)有限公司水力发电厂 | 高梅英、闫惠斌、张武斌、王金平、赵宪荷、高武刚、袁建峡、冯讨志、程书官、李新玉 | 二等奖 | 2010 |
| 215 | 土方工程补残自行式夯实机 | 新乡黄河河务局封丘黄河河务局 | 王兆卿、韦真、武良海、赵广学、张健、王建营、武宗亮 | 三等奖 | 2010 |
| 216 | 探地雷达探测堤顶道路隐患的应用研究 | 郑州黄河工程有限公司 | 刘培中、尚向阳、张汝印、张福明、张东风、丁强、孙国勋 | 三等奖 | 2010 |
| 217 | 西霞院 8# 机组导水叶扭曲问题处理研究 | 三门峡明珠机电工程有限责任公司 | 马红星、冯计志、于慧军、刘哲、李彦江、白书杰、崔岱恒 | 三等奖 | 2010 |
| 218 | 外设塔机柔性附着在冷却塔施工中的应用 | 三门峡水利水电技术开发公司 | 顾光林、吴全根、史绍林、石炯涛、王塔宏、闫先斌、王剑非 | 三等奖 | 2010 |
| 219 | 抢险加固抛石机研制 | 焦作黄河河务局孟州黄河河务局 | 宋艳萍、范伟兵、行红磊、潘剑锋、于植广、侯晓恋、谢扶祥 | 三等奖 | 2010 |

附表 14　黄河水利委员会治黄著作出版资金资助著作

| 序号 | 书名 | 申请单位 | 申请者 | 资助年份 |
|---|---|---|---|---|
| 1 | 水文设计成果合理性评价指南 | 黄委勘测规划设计研究院 | 王国安等 | 2002 |
| 2 | 河防笔谈（续） | 黄委办公室 | 徐福龄 | 2002 |
| 3 | 黄河水库泥沙 | 黄河水利科学研究院 | 焦恩泽等 | 2002 |
| 4 | 黄河水利史研究 | 中国水利水电科学研究院 | 姚汉源 | 2002 |
| 5 | 黄河动床模型试验理论和方法 | 黄河水利科学研究院 | 屈孟浩 | 2002 |
| 6 | 三门峡水库修建后黄河下游河床演变 | 黄河水利科学研究院 | 潘贤娣等 | 2002 |
| 7 | 黄河流域水利水电工程混凝土温度控制与防裂技术 | 黄委勘测规划设计研究院 | 彭立海等 | 2003 |
| 8 | 河流水权和黄河取水市场研究 | 黄委移民局 | 苏青等 | 2003 |
| 9 | 黄河近代河口演变基本规律与稳定入海流路治理 | 黄河水利科学研究院 | 李泽刚等 | 2004 |
| 10 | 黄河流域气象水文学要素图集 | 北京师范大学环境学院 | 刘昌明等 | 2004 |
| 11 | 环境流量 | 黄委总工程师办公室 | 张国芳等 | 2004 |
| 12 | 水资源规划决策理论与实践 | 黄河勘测规划设计有限公司 | 王海政等 | 2004 |
| 13 | 黄河流域典型河流产汇流分析 | 黄委水文局 | 赵卫民等 | 2005 |
| 14 | 治水笔谈 | 黄河水利委员会 | 袁隆 | 2005 |

续附表 14

| 序号 | 书名 | 申请单位 | 申请者 | 资助年份 |
|---|---|---|---|---|
| 15 | 黄河历史述实 | 河南省科学技术委员会 | 杜省吾 | 2006 |
| 16 | 基于 RS/GIS 技术支持下的黄河流域水循环研究 | 北京师范大学环境学院 | 刘昌明 | 2006 |
| 17 | 河道治理工程及其效用 | 黄河水利科学研究院 | 江恩惠 | 2006 |
| 18 | 人与黄河 | 黄委人事劳动教育局 | 干析 | 2006 |
| 19 | 中国江河冰凌 | 黄委总工程师办公室 | 蔡琳 | 2006 |
| 20 | 铺道计算与铺工 | 山东黄河河务局 | 牟玉玮 | 2006 |
| 21 | 流域水权制度研究 | 黄委工程建设管理中心 | 姚傑宝 | 2007 |
| 22 | 沟壑侵蚀规律性及其发展潜力 | 黄河水利科学研究院 | 王基柱 | 2007 |
| 23 | 水库调水调沙 | 黄河水利科学研究院 | 焦恩泽 | 2007 |
| 24 | 荷兰境内的莱茵河——一条被控制的河流 | 黄河水利科学研究院 | 江恩惠 | 2007 |
| 25 | 可能最大降水估算手册（第三版） | 黄河勘测规划设计有限公司 | 王国安 | 2007 |
| 26 | 黄河洪水及冰凌预报研究与实践 | 黄委水文局 | 陈赞廷 | 2008 |

续附表 14

| 序号 | 书名 | 申请单位 | 申请者 | 资助年份 |
|---|---|---|---|---|
| 27 | 清代黄河流域水利法制与水政管理研究 | 华北水利水电学院 | 饶明奇 | 2008 |
| 28 | 历览长河——治理黄河的求索之路 | 河南黄河河务局 | 王渭泾 | 2008 |
| 29 | 中国黄河（部分资助） | 黄委新闻宣传出版中心 | 敬鹤仙 | 2008 |
| 30 | 黄河下游近代河床变迁地质研究 | 黄河勘测规划设计有限公司 | 李金都 | 2008 |
| 31 | 长河人生 | 黄委办公室 | 徐福龄 | 2009 |
| 32 | 黄河口的演变与治理 | 黄河水利科学研究院 | 王恺忱 | 2009 |
| 33 | 黄河下游的输沙潜力和高效排洪通道建设 | 黄河水利科学研究院 | 齐璞 | 2009 |
| 34 | 黄河中游人类活动对径流泥沙影响研究 | 黄河水利科学研究院 | 张胜利 | 2009 |
| 35 | 论黄河泥沙问题（暂定） | 中国水利水电科学院 | 韩其为 | 2009 |
| 36 | 三门峡水库泥沙试验研究与深思 | 黄河水利科学研究院 | 焦恩泽 | 2010 |
| 37 | 2000 - 2010 黄河治理开发科学技术进展综述 | 黄委国际合作与科技局 | 张建中等 | 2010 |

# 参 考 文 献

［1］ 水利部黄河水利委员会. 黄河调水调沙试验［M］. 郑州:黄河水利出版社,2008.

［2］ 侯素珍,等. 桃汛洪水冲刷降低潼关高程关键技术研究［M］. 郑州:黄河水利出版社,2010.